イノベーションの普及過程の可視化

テキストマイニングを用いたクチコミ分析

竹岡志朗・井上祐輔・高木修一・高柳直弥 著

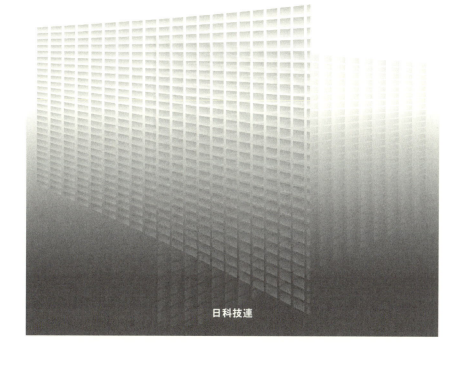

日科技連

序文

　イノベーションに関する社会的関心は近年非常に高まっている．特に日本では，2000年以降の韓国および中国経済の急速な成長と，IT分野におけるアメリカ経済の復活，そして開発力および，国際競争力の低下によって，その関心の高まりは，経済界だけではなく，政治的課題ともなっている．また，国外に目を向けてもイノベーション政策の推進が経済課題としてあげられている国が多い．

　このような背景にはイノベーションが企業の持続的な競争優位の源泉になることと同時に，経済成長がイノベーションに起因するものであることがさまざまな研究によって明らかになってきたことがある．それによって，イノベーションは個別の企業の，あるいは個別の産業の問題というだけではなく，社会や国家，さらには世界の発展にとって重要なものであるという認識が醸成され，共有されるようになってきたといえる．

　本書のタイトルは『イノベーションの普及過程の可視化－テキストマイニングを用いたクチコミ分析－』である．我々は本書の中で，イノベーションの普及過程において何が生じているのかを明らかにし，その過程を可視化する方法を提示する．

　イノベーションの普及過程を可視化する方法が必要とされる理由としては，イノベーションの普及過程における現状認識の難しさ，つまり普及過程において重要な役割を果たしているメーカーなど，企業自体の立ち位置とその企業が開発する商品の市場における位置づけの把握の難しさがある．これまでもイノベーションの普及過程は売上や普及率の推移などによって可視化が試みられてきた．しかし，これらの方法は，市場

序　文

の顕在的・潜在的な大きさ，需要の限界といったことは明らかにすることができても，その市場で何が生じているのかといったことを十分に知ることは困難であった．この困難を克服するためには，イノベーションの普及過程を目に見えない現象から，見えるものへ，理論的に裏付けられた方法で可視化する必要がある．

　本書は，このような問題意識のもとに執筆されている．イノベーションの普及過程を明らかにし，それを可視化する方法を構築することで，これまでは経験に基づいた管理しかできなかったイノベーションの普及過程を，より科学的に管理可能なものにすることができると考える．

　本書は，2部，9章構成をとっている．

　第Ⅰ部「イノベーションの普及過程とテキストマイニングを用いた分析に関する理論的考察」では，これまでのイノベーションとその普及に関する理論をレビューした上で，その問題点を指摘し，第5章以下の分析につなげるための考察を行う．

　第Ⅱ部「イノベーションの普及過程に関するテキストマイニングを用いた分析」ではテキストマイニングによってデジタルカメラと携帯電話の普及の過程を分析している．テキストマイニングという言葉に興味をもって本書を手に取られた方は第Ⅱ部から読まれてもよいだろう．

　本書の出版に際して，公益財団法人KDDI財団の著書出版助成の支援を得ました．また，本書は科学研究費補助金（日本学術振興会）：研究活動スタート支援・課題番号25885063　平成25～26年度，若手研究（B）・課題番号15K17119　平成27年度～28年度の助成のもとに行ったイノベーションの普及研究の成果を基にしています．以上の支援によって本研究は可能となり，この度の出版となりました．

　本書を執筆するにあたっては，我々がこれまでに発表してきた論文をもとにした部分も多く，これら論文の転載を許可してくださった日本情報経営学会，株式会社KDDI総研，桃山学院大学総合研究所には感謝い

序　文

たします．

　我々著者4人の指導教官であり，イノベーション研究の道に導いてくださった太田雅晴大阪市立大学教授，竹岡，井上，高柳の博士論文を指導してくださった川村尚也大阪市立大学准教授には特にお世話になりました．土井捷三神戸大学名誉教授をはじめとするヴィゴツキー学協会のみなさまには関連分野ではないにもかかわらず，発表の場を設けていただき，その中で貴重な意見をいただくことができました．柴田淳郎滋賀大学准教授にはお世話になりました．

　また，私どもを支援し，校閲の労をお取りいただいた株式会社日科技連出版社出版部長戸羽節文氏と木村修氏にはこの場を借りて厚く御礼申し上げます．

　そして，我々著者一同とこの書籍に関わったすべての方に感謝の意を述べたいと思います．ありがとうございました．

2016年9月

著者を代表して
竹岡志朗

まえがき

　経営学分野の授業を行っていると，学生からあがる質問の1つに「経営に関する知識をたくさんもっている先生が企業を経営すれば，企業は成功するのではないか？」というものがある．確かに経営学の研究とその結果として作られる理論の多くは，企業の持続的な競争優位を生み出す要因や因果関係の発見，それらに基づいた誰もが模倣可能であり，それによって持続的な競争優位を獲得することのできるベスト・プラクティスの構築を志向するものである．これによって実務家の意思決定を支援することが経営学の研究の大きな目標の1つといってよい．ゆえに，上記の学生からの質問はもっともなものである．

　この質問に対する私の回答は，「私が，今日，突然ある会社に入り，全権を委ねられ，経営を行えば，必ずその会社を3カ月以内に倒産させるだろう」というものである．多少大げさにしたこの回答に対する多くの学生の反応は，「経営学といっても机上の空論であり，それをどれだけ学んでも会社を倒産させてしまうのであれば，学ぶ必要はない」といったものになる．少し経営学を学んだ学生でも「ベスト・プラクティスとして研究され，そこから生まれた理論であったとしても，他の企業では産業分野や経営資源といった条件が異なるのだから，必ずうまくいくとは限らない」という反応である．

　上記の予想された反応の後に，先の回答に継いで「気象予報士に突然目隠しを着け，飛行機で15時間ほど飛んだところで着陸し，飛行機から気象予報士を降ろし，目隠しを外して『この地の明日の天気を教えてください』と言っても，その気象予報士は天気を予測することはできないし，たとえ何らかの予想を提示したとしても，それを信じることがで

きますか？」と筆者は言う．気象予報士は気象という見えない現象を，人工衛星や観測所，レーダーといった道具を用いることで目に見える天気図という形に翻訳，つまり可視化し，そこに過去の傾向からの推論を行うことで天気を予想している．その上で，最後に「明日は傘が必要です」という指針を提示する．

突然会社に放り込まれる筆者も，この気象予報士と同じである．その企業の理念やミッション，これまでの経路を知らず，企業内の資源，つまり特許や技術・技能，人材とそれらの関係性，その他さまざまな企業の能力をまったく知らないままに，経営上の意思決定を行うことになる．つまり，どこにいるのかも，予想するための道具ももたない気象予報士と同様である．これは言い換えれば，その企業がどこに向かっているのかを知らず，どのような能力をもってそれを実行しようとしているのかを知らずに当て推量ですべての決済にイエス・ノーを言うというものである．このような状況下で失敗，つまり倒産の確率を最小にするために筆者に可能な意思決定は，全権を役員会に移譲するという，企業としては当然の権限関係への移行を行うというものであろう．なぜなら，企業内でも，すでに企業内にある特許や技術・技能などをすべて知っている人は皆無である．ましてや，外部から来た筆者がすべてを知った上でうまく経営できるはずがないからである．うまく経営を行うためには，最低限として，できるだけ多くの現状分析と認識が必要である．それができて初めて「こういう方針で進めましょう」と言うことができるのである．

では，この例から，筆者がある会社で突然経営を行うにあたって，最も必要なことは何だろうか．それは先にも述べたとおり現状の可視化，つまり，現在の企業の目標や置かれている環境，内部に保有する競争する上で動員可能な資源などを見える状態にすることである．現状を把握できてこそ，適切な意思決定が可能になる．このような現状の把握，つまり可視化の方法としては，古くはSWOT分析や，ポジショニング・

アプローチ，近年ではブルーオーシャン戦略といった方法や考えが提案されてきた．これらは，気象予報士における人工衛星や観測所，レーダーのようなものである．経営学の歴史は，先にも述べたベスト・プラクティスの発見の歴史であるとともに，企業の置かれた状況を可視化する方法を提示する歴史でもあるといえる．本書も，タイトルに『イノベーションの普及過程の可視化－テキストマイニングを用いたクチコミ分析－』とあるように，テキストマイニングという分析手法を用いてイノベーションの普及過程という，市場を形成するさまざまな企業が生み出す商品間の競争環境を可視化する方法を提示することを目的としている．

本書が可視化しようとするイノベーションの普及過程，特に「イノベーション」という言葉はさまざまな場面で見聞きする機会が増えている．例えば，我々が最も目にするのものとしては，テレビCMなどの中で登場するコーポレート・スローガンがある．コーポレート・スローガンは，その企業のアイデンティティであり，その企業の理念や，目指すもの，進む道，実現する方法，消費者に対する考え方などを，消費者のみならず従業員を含めたすべてのステークホルダーに簡潔な文章で示したものである．

「イノベーション」という言葉をコーポレート・スローガンに用いている例としては，第一三共の「イノベーションに情熱を．人に思いやりを．」，ダイハツ工業の「Innovation for Tomorrow」，東芝の「Leading Innovation」，日本電気（NEC）の「Empowered by Innovation」，富士フイルムの「Value from Innovation」等がある．これらの企業は，コーポレート・スローガンの中にイノベーションという言葉を用い，イノベーションを企業のアイデンティティの一部としているのである．また，これらの企業だけではなく，他の企業もイノベーションを重要なものと考えている．それは，「多くの企業にとってイノベーションが生死を分ける重大事（Baumol, 2002, 邦訳書, 2010, p.viii）」であり「経済の重

要な諸分野において競争の主たる武器となるのは価格ではなくイノベーションである（前掲書，p.ix）」という認識があるからである．

　また，イノベーションは企業だけの問題ではない．2006年9月29日の第165回国会における安倍総理所信表明演説で「イノベーション25」が公約として語られており，それは，2025年までを視野に入れた成長に貢献するイノベーションの創造のための長期的戦略指針と説明されている．つまり，イノベーションが国の成長に貢献するものと認識され，その創造を長期的な国家戦略の中でとらえているということである．この「イノベーション25」自体は2007年に最終報告書を取りまとめ総合科学技術会議に引き継がれているが，その後も内閣府内にはイノベーションに関する政策統括官（科学技術・イノベーション担当）が置かれており，また重要政策に関する会議として「総合科学技術・イノベーション会議」が設置されていることからも，日本の政策におけるイノベーションの重要性は変わっていないといえる．

　また，海外に目を転じると，EUでは2014年に開始された「ヨーロッパ2020」という長期戦略の中で，EU諸国の成長を促すエンジンとして7つのフラッグシップ・イニシアチブをあげ，その中に「イノベーション・ユニオン」を位置づけている．その戦略の目的としては，経済成長や雇用の創出につながる商品やサービスを創出する環境を作り出すことがあげられている．アメリカでは「アメリカのイノベーションに向けた戦略」の改訂版が2011年に発表されており，これは，アメリカの未来の経済成長と国際的な競争力はイノベーションをおこす能力にかかっているという文章から始まっている．その他にも韓国では政権の方針として掲げられた「創造経済」を推進するために未来創造科学省を設置，中国では2006年から2020年の長期計画として「国家中長期科学技術発展計画」を策定している．このように，日本だけではなく諸外国においてもイノベーションと国家の発展との関係が重要視され，長期的な政策の中でその推進が謳われている．

このようなイノベーション政策を推進しようとしているのは国家だけではない．日本国内では一般社団法人・日本経済団体連合会(以下，経団連)が「『イノベーション立国・日本』構築を目指して」という政策提言の中で，日本経済はグローバル化時代の中で，それまで競争優位の源泉としてあった「ものづくり力」だけでは十分ではなく，諸外国と同様にイノベーションを推進する政策の必要性を訴え，50の具体的政策という形で提示している．この提言は，経団連による国への要望のようなものであるが，産業界が国に対してイノベーションをおこすように望んでいるわけではない．イノベーションの牽引役はあくまでも産業界であり，国は産業界のイノベーションを阻害する要因を排除し，また産業界のイノベーションを促進するための制度作りを求めているのである．

以上，企業のコーポレート・スローガンをはじめ，各国の政策や経済団体において「イノベーション」という言葉が使用される場面を見てきた．これらを見てもわかるように，「イノベーション」は，それが国の発展に大きな影響を及ぼすことから重要視されている．Baumol(2002)は「18世紀以降に起こった経済成長は，事実上すべて究極的にイノベーションに起因すると考えられる(Baumol, 2002, 邦訳書, 2010, p.17)」とし，その理由として，イノベーションがおこることによって生産力に余剰が生まれ，その余剰によって人的資本への投資と生産設備への投資が可能となり，経済が成長したとしている．このような余剰の再分配こそ，成長の源泉であり，富の源泉であるからこそ，企業，団体を超え，国家までもがイノベーションを重要なものと位置づけるのである．

では，企業にも国にも重要だと位置づけられているイノベーションであるが，どのような意味なのであろうか．イノベーションという言葉は，頻繁に耳にするのだが，その意味は非常に広く，また多様であり，わかりやすく，わかりにくい概念といえる．このわかりやすく，わかりにくい概念を，気象用語を比喩に考えると，例えば，気象用語に「台風」というものがある．誰もが年に一度は耳にしたり，目にする言葉である

が，これは具体的に何らかのモノが存在するわけではない．我々は，ある現象，つまりどこかでおきているあるコトを台風と呼んでいる．気象庁は台風を次のように説明している．

> 熱帯の海上で発生する低気圧を「熱帯低気圧」と呼びますが，このうち北西太平洋(赤道より北で東経180度より西の領域)または南シナ海に存在し，なおかつ低気圧域内の最大風速(10分間平均)がおよそ17m/s(34ノット，風力8)以上のものを「台風」と呼びます．
> （気象庁ホームページ）

つまり，我々が経験するあの大風と大雨は，
1. 熱帯の海上で発生した低気圧によるもの
2. 北西太平洋または南シナ海に存在
3. 低気圧内の最大風速が17m/s以上

という基準を満たしていなければ台風ではなく，ただの大風と大雨でしかないということである．

イノベーションも具体的なモノが存在するわけではなく，そこで，あるいはどこかでおきているコトである．しかし，イノベーションは，台風などの気象用語と異なり，販売数や普及率などのような明確で共通の測定基準によってあらわれるものではない．ゆえに，誰かが何らかの新しいモノを指して「これはイノベーションである」と言えば，論争はあるかもしれないが，それを間違っていると断定することができない．

では，何をもってイノベーションとすればよいのか．先述のとおり，イノベーションという言葉は国家の政策や団体，さらには企業のスローガンなど多様な場面で使用されている．この言葉を目にしない日はないと言ってもよいくらいに社会に浸透している．しかし，この「イノベーション」という言葉だが，新聞や書籍，雑誌やインターネットの記事を読んでみると，その言葉に込められた内容に，少しずつ違いがある事に

気づく．また，著者ごとの意味するところの相違を意識してか，「我々はイノベーションを○○と定義する」と明示された書籍・研究も多い．これは先述のとおりイノベーションというコトを明確に識別する基準が存在しないがゆえにおこる語義のわかりにくさの一因といえる．

「イノベーション」という言葉のもっとも一般的な意味，つまり辞書的意味から見ると，大辞泉第二版には次のような説明が掲載されている．

> 1. 技術革新，新機軸
> 2. 経済学者シュンペーターの用語で，経済成長の原動力となる革新，生産技術の革新，資源の開発，新消費財の導入，特定産業の構造の再組織などを指すきわめて広義な概念
>
> （大辞泉第二版，p.252）

この中では技術革新や新機軸という説明に加えて，shumpeterの用語としてイノベーションが登場し，その中では，「経済成長の原動力となる革新，生産技術の革新，資源の開発，新消費財の導入，特定産業の構造の再組織などを指すきわめて広義な概念」という説明が続いている．これを見ると，経済活動に関係する新しい何かを創造する活動のすべてが，イノベーションと呼ばれることになる．

しかし，経営学のイノベーションに関する研究は，これらに収益化という概念を加えて進められている．なぜなら，発明や思いつきに過ぎないものでは，到底企業の競争優位の源泉とはなり得ないし，収益化に失敗すれば，持続的な経営に支障をきたすことになる．そこで，経営学では，イノベーションとして経済的成果を実現するものにするためには，普及のプロセスを明らかにすることが重要（武石，2001）とされ，新しい商品やサービスを開発する過程だけではなく，それが普及していく過程にも注目している．本書の第二の目的は，先の可視化の方法の提示とい

う第一の目的とともに，イノベーションが普及していく過程を明らかにすることである．

「序文」でも少し触れたが，以上2つの目的を達成するために，本書は，2部，9章構成をとっている．

第Ⅰ部「イノベーションの普及過程とテキストマイニングを用いた分析に関する理論的考察」では，これまでのイノベーションとその普及に関する理論をレビューした上で，その問題点を指摘し，第5章以下の分析につなげるための考察を行う．

第Ⅱ部「イノベーションの普及過程に関するテキストマイニングを用いた分析」ではテキストマイニングによってデジタルカメラと携帯電話の普及の過程を分析している．テキストマイニングという言葉に興味をもって本書を手に取られた方は第Ⅱ部から読まれても良いだろう．全体構成と各章の概略を以下に示す．

第Ⅰ部　イノベーションの普及過程とテキストマイニングを用いた分析に関する理論的考察

第1章　多様なイノベーション研究

イノベーション研究は経済学に始まり，その後，学際的になされてきた分野である．その性質から，イノベーションという中心概念の意味するところも大変広く，その研究目的も異なっているというのが現状である．第1章ではイノベーション研究における本書の位置づけを明確にするためにも，イノベーション研究全体を整理する．

第2章　イノベーション普及研究のレビュー

イノベーションの普及研究は，Rogersを1つの中心としながらも，定量的，定性的問わず多様な研究の存在する一学問領域である．本書もその1つに含まれるため，その位置づけを明確にすることが必要である．第2章ではイノベーションの普及研究を整理することを通じて，過去の研究手法の限界を示すとともに，今後必要とされる研究について考察する．

第3章 「イノベーションが普及する」とは，どういうことなのか
―テキストマイニングの利用可能性―

イノベーションは，それが普及する過程において，メーカーと消費者によって多様に意味づけられ，また一旦意味づけられた内容も変化し続ける．第3章では，これを近年の研究（バリュー・ネットワーク，技術の社会的構成，ユーザー・イノベーション，新制度派組織論など）から説明する．加えて，どのようにイノベーションが行為者によって意味づけられるのかを明らかにするための方法として，テキストマイニングの有効性と，その分析結果の解釈に関する問題を述べる．その上で，本書で用いる分析結果の解釈方法について概説する．

第4章 イノベーション普及過程の分析データとしてのインターネット上のクチコミ

第4章では，インターネット上の評価サイトに蓄積されているユーザーによるコメントなどの情報を，イノベーション普及課程の分析データとして扱うという本書のアプローチの意義について考察していく．昨今，こうした評価サイトに蓄積されている意見や感想等の情報は，クチコミ（Word-of-Mouth）として一般的に扱われている．従来，クチコミは，家族や友人，知人など，社会的な関係に規定された相手との間でのコミュニケーションとして研究されてきた．これに対し，インターネット上のクチコミという現象には，人々が見知らぬ人との間でも商品やサービスの評判などの情報をやり取りするという特徴がある．第4章では，クチコミをめぐるこうした状況の変化をふまえつつ蓄積されてきたクチコミに関する研究を，メディアとしてのインターネットの特徴をふまえて考察する．そして，この考察から，本書のクチコミ研究方法の位置づけを明確にしていく．

第Ⅱ部 イノベーションの普及過程に関するテキストマイニングを用いた分析

第5章 テキストマイニングを用いた基礎的な分析とその限界

テキストマイニングとは文字情報（テキスト）を対象とした分析手法の総称にすぎず，その中では多種多様な分析方法が用いられている．第5章では，タブレットPCに関するインターネット上のクチコミ情報を例に，一般的なテキストマイニングの手法を利用した分析を行い，そこからもたらされる結果と限界について整理する．

第6章　普及過程における意味づけの次元の変化－共起ネットワークの経時的分析－

消費者によるコンパクトデジタルカメラに関するクチコミの内容とその傾向は普及過程で変化する．第6章では，このような変化をテキストマイニング，特に共起ネットワーク分析とその結果としてあらわれるクラスターによって可視化する．第6章で採用する分析方法を用いることで，クチコミにおいて出現する概念の経時的変化が明らかになると同時に，クラスターを「意味づけの次元」としてとらえることで，商品カテゴリーの普及過程における消費者の認識とのその変化を明らかにすることができる．

第7章　普及過程で連続的に変化する意味－テキストマイニングにおける三角測量分析－

コンパクトデジタルカメラの普及過程を，インターネット上のクチコミ情報のテキストマイニングによって可視化する．分析の結果，普及過程において消費者が頻繁に参照する機種（「ベンチマーク機種」）があり，その機種を参照するクチコミを分析すると，非常に高い割合で機能や属性をあらわす概念（「優先概念」）が共通して登場すること，この優先概念が普及過程の中で変化しており，このことから，消費者がイノベーションを採用する過程で重要とする機能や属性が常に変化していることが明らかにされる．

第8章　イノベーションの普及過程における非連続性と連続性－テキストマイニングにおける話題分析－

携帯電話におけるフィーチャーフォンからスマートフォンへの移行

過程をテキストマイニングによって可視化する．第8章では，フィーチャーフォンとスマートフォン，両者間の非連続性を機種間の参照関係から明らかにした上で，その非連続性についてクチコミの中で登場する「話題」の出現割合の変化から分析する．その結果，出現割合に明確な変化が見られる話題がある一方で，明確な変化が見られない話題もあることが明らかになる．この結果から，フィーチャーフォンとスマートフォンの間には非連続性とともに連続性も存在することが明らかにされる．

第9章　本書の結論と含意

最後に第9章では，イノベーションの普及過程の中で，イノベーションがどのように意味づけられるのかについて，本書の議論をまとめた後，そこから導き出せる本書の理論的貢献と実践的含意を確認する．加えて，本研究の限界を明らかにし，残された課題について述べる．

本書は著者一同がこれまでに行った下記の研究の成果（出版年順に表記）を再度検討し，学生や実務家の方にとっても有益なものにすることを目的とし，大幅な加筆・修正を行ったものである．

1. 竹岡志朗，太田雅晴：「イノベーション研究におけるアクター・ネットワーク理論の適用可能性」，『日本情報経営学会誌』，Vol.30-1, 2009年8月，pp.52-63.
2. Takeoka, S., Takayanagi, N., Hazama, Y., Ota, M.："Case Analysis to Study The Comprehensive Innovation Process with Actor-Network Theory", 『日本情報経営学会誌』，Vol.30-2, 2009年11月，pp.74-89.
3. 井上祐輔：「制度化された新制度派組織論」，『日本情報経営学会誌』，Vol.31-3, 2011年7月，pp.81-93.
4. 竹岡志朗：「包括的イノベーションプロセスの可視化」，太田雅晴編『イノベーションマネジメント』所収，日科技連出版社，2011年，pp.55-84.
5. Takeoka, S., Inoue, Y., Takayanagi, N., Takagi, S., Ota, M.："The analysis of innovation diffusion on the basis of social constructivism with the use of text mining", 『日本情報経営学会誌』，Vol.34-3, 2014年3月，pp.115-137.
6. 井上祐輔，竹岡志朗，高木修一：「テキストマイニングに関する方法論的検

討－クチコミ情報に基づくイノベーションの普及分析－」,『日本情報経営学会誌』, Vol.35-1, 2014年10月, pp.59-71.
7. 竹岡志朗, 井上祐輔, 高木修一:「テキストマイニングを用いたイノベーションの普及分析」,『日本情報経営学会誌』, Vol.35-1, 2014年10月, pp.72-86.
8. 竹岡志朗, 高柳直弥, 井上祐輔, 高木修一:「イノベーションは消費者にどのように認知されているのか－クチコミ情報から見るイノベーションの非連続性と連続性－」,『NEXTCOM』, Vol.21, 2015年3月, pp.54-63.
9. 竹岡志朗:「普及過程における商品カテゴリー構成概念の変化」,『桃山学院大学経営経済論集』, Vol.58-1, 2016年7月, pp.63-79.

特に本書第2章は上記文献7を, 第3章は文献5と6を, 第6章は文献9を, 第7章は文献5と7を, 第8章は文献8を大幅に加筆・修正したものである.

まえがきの参考文献

[1] 気象庁:「台風とは」
http://www.jma.go.jp/jma/kishou/know/typhoon/1-1.html
(最終確認日:2015年1月21日).
[2] 武石彰(2001)「イノベーションのパターン:発生, 普及, 進化」, 一橋大学イノベーション研究センター編『イノベーション・マネジメント入門』, 日本経済新聞社, pp.68-98.
[3] 内閣府(2008)『イノベーション25 夢のある未来の実現のために』
http://www.cao.go.jp/innovation/index.html (最終確認:2015年1月16日).
[4] 松村明 監修(2012)『大辞泉第二版』, 小学館.
[5] Baumol, J. W. (2002). *The Free-Market Innovation Machine: Analyzing the Growth Milacle of Capitalism, Princeton*, NJ: Princeton University Press, (邦訳) ウィリアム・J・ボーモル著, 足立英之監訳, 中村保, 山下賢二, 大住康之, 常廣泰貴, 柳川隆, 三宅敦史 訳(2010)『自由市場とイノベーション資本主義の成長の奇跡』, 勁草書房.
[6] National Economic Council, Council of Economic Advisers, and Office of Science and Technology Policy (2011). *A STRATEGY FOR AMERICAM INNOVATION – Securing Our Economy Growth and Prosperity*,
http://www.whitehouse.gov/sites/default/files/uploads/InnovationStrategy.pdf(最終確認:2015年1月16日)
[7] The European Commission (2012). "Flagship initiatives," in EUROPE2020,
http://ec.europa.eu/europe2020/europe-2020-in-a-nutshell/flagship-initiatives/index_en.htm (最終確認:2015年1月16日).

イノベーションの普及過程の可視化
テキストマイニングを用いたクチコミ分析

目　次

序文………iii

まえがき………vii

 **第Ⅰ部　イノベーションの普及過程と
テキストマイニングを用いた
分析に関する理論的考察**………1

第1章　多様なイノベーション研究………2

1.1　イノベーションという概念………2
1.2　商品・サービスのイノベーション………6
1.3　イノベーションの収益化と普及………9
1.4　イノベーションの普及プロセスと本書の目的………11
第 1 章の注釈………16
第 1 章の参考文献………18

第2章　イノベーション普及研究のレビュー………21

2.1　イノベーションの普及………21
2.2　普及の直接要因研究………22
　2.2.1　新しいモノ・コトに関する研究………22
　2.2.2　採用者に関する研究………24

目次

   2.2.3　社会の状況に関する研究………25
2.3　普及の媒介要因研究………26
   2.3.1　普及過程の媒介要因研究………26
   2.3.2　決定過程の媒介要因研究………27
   2.3.3　伝播過程の媒介要因研究………28
2.4　イノベーションの変化………29
2.5　第2章のまとめ………32
第2章の注釈………33
第2章の参考文献………33

第3章　「イノベーションが普及する」とは，どういうことなのか　—テキストマイニングの利用可能性—………36

3.1　普及過程におけるイノベーションの意味づけ………36
3.2　普及過程における行為者による意味づけ………37
3.3　イノベーション普及における分析上の困難………42
3.4　普及対象の同質性の認知………44
3.5　記号表現の分析手法としてのテキストマイニング………46
3.6　テキストマイニングの利用可能性………50
第3章の注釈………52
第3章の参考文献………52

第4章　イノベーション普及過程の分析データとしてのインターネット上のクチコミ………55

4.1　クチコミと呼ばれる現象の変化………55
4.2　メディアの発展とクチコミ………57

4.2.1　マスコミュニケーションの効果………57
　　4.2.2　クチコミの諸相………58
　　4.2.3　メディアの発展………59
　　4.2.4　インターネット上でのクチコミ………61
　4.3　コミュニケーションとしてのクチコミと情報としてのクチコミ………64
　　4.3.1　企業および消費者が行うコミュニケーション………64
　　4.3.2　インターネット上に蓄積されたデータとしてのクチコミ………66
　　4.3.3　イノベーション普及過程のデータとしてのクチコミ………69
　4.4　現代社会におけるインターネット利用とクチコミ研究の方法………71
　第4章の注釈………72
　第4章の参考文献………73

第Ⅱ部　イノベーションの普及過程に関するテキストマイニングを用いた分析………77

第5章　テキストマイニングを用いた基礎的な分析とその限界………78

5.1　テキストマイニング………78
5.2　テキストマイニングの流れ………78
5.3　テキストマイニングの分析過程………80
　　5.3.1　テキスト収集の段階………80

目 次

  5.3.2　前処理の段階………80
  5.3.3　マイニング(分析)の段階………82
  5.3.4　後処理の段階………86
 5.4　第5章のまとめ………88
第5章の注釈………88
第5章の参考文献………89

第6章　普及過程における意味づけの次元の変化
—共起ネットワークの経時的分析—………90

 6.1　商品カテゴリー………90
 6.2　分析の対象と方法………90
 6.3　商品カテゴリーの普及過程における共起ネットワーク………92
 6.4　共起ネットワークのクラスターに関する考察………97
 6.5　さらなる分析に向けて………98
 6.6　共起ネットワーク分析の方法………99
第6章の注釈………101
第6章の参考文献………103

第7章　普及過程で連続的に変化する意味
—テキストマイニングにおける三角測量分析—………104

 7.1　ミクロな行為の集積としてのイノベーション………104
 7.2　分析の方法と対象—デジタルカメラに関するクチコミ情報—
  ………105
 7.3　コンパクトデジタルカメラにおける普及プロセスの分析
  ………107

7.3.1 機種を構成する概念と他機種への参照………107
7.3.2 機種と概念の共起………113
7.4 ベンチマーク機種と優先概念………116
7.5 分析結果からの考察………118
7.6 テキストマイニングにおける三角測量分析の方法………120
第 7 章の注釈………122
第 7 章の参考文献………125

第8章　イノベーションの普及過程における非連続性と連続性
—テキストマイニングにおける話題分析—………126

8.1 イノベーションにおける主観的な非連続性と連続性………126
8.2 分析の方法と対象−携帯電話に関するクチコミ情報−………126
8.3 携帯電話における普及プロセスの分析………127
8.3.1 携帯電話の普及過程に関する分析………127
8.3.2 「話題」の出現頻度の比較による非連続性と連続性の分析………130
8.4 分析結果からの考察………134
8.5 テキストマイニングにおける話題分析の方法………137
第 8 章の注釈………140
第 8 章の参考文献………142

第9章　本書の結論と含意………143

9.1 結論………143
9.2 理論的インプリケーション………147
9.2.1 イノベーションの普及研究に対して………148

9.2.2　テキストマイニングを用いた Web 上のクチコミの分析
　　　　　方法に対して………150
9.3　実践的インプリケーション………151
　　9.3.1　商品を語る言葉の選択………151
　　9.3.2　製品改善，改良すべき点と訴求すべき点の同定………151
　　9.3.3　差別化の準拠点………152
　　9.3.4　商品の意味づけ………153
9.4　本書の限界と今後の課題………153
第 9 章の参考文献………154

あとがき………157

索引………159

装丁・本文デザイン＝さおとめの事務所

第Ⅰ部

イノベーションの普及過程とテキストマイニングを用いた分析に関する理論的考察

第1章
多様なイノベーション研究

1.1 イノベーションという概念

　イノベーションに関する研究は，Schumpeterから始まったとされており，多くの書籍や論文でも，このSchumpeterの定義が採用され，あるいはこれを拡張して新たな定義を生み出し，論述や研究が進められてきている．多くの研究者が採用しているSchumpeterの定義，具体的にはイノベーションの5類型は次のようなものである．

① 新しい商品の開発，あるいは商品の新しい品質の開発
② 新しい生産方法の開発
③ 新しい市場の開拓
④ 原材料や半製品の新たな供給源の獲得
⑤ 新しい組織の実現

Schumpeter（1961, p66）

　これらを見ると，経済活動に関係する新しい活動をイノベーションと呼んでいることがわかる．つまり「新」という語が「商品の開発」や「生産方法の開発」「市場の開拓」など，さまざまな経済活動を修飾しているのである．このように「新」の修飾する対象となっている活動が企業の多岐にわたる活動をあらわしていることが，イノベーションという概念の意味するところの広さをあらわしている．

　では，新しければイノベーションかというとそうではない．Schumpeter(1961)は，イノベーションの例として郵便馬車と鉄道の非連続性をあげ，郵便馬車からの微分的な歩みによっては鉄道には到達し得ないとしている．そこには旧均衡点(郵便馬車)から新均衡点(鉄道)への飛躍が必要であり，それを生み出すような上記の5類型をイノベーションと呼ん

でいる[1].

　次に,「イノベーション」という言葉は単独で使用されることも多いが,他の言葉と組み合わされて使用されることもある.例えば,日本の製造業を指して,「日本企業は,プロセスイノベーションは得意だが,プロダクトイノベーションは苦手だ」という言葉を目にすることがある.この中では,イノベーションという言葉にプロセスやプロダクトという修飾語句を付け,イノベーションという言葉の意味を限定し,使用している.このような「○○イノベーション」は頻繁に目にするものだけでも下記のものがある

プロダクトイノベーション(product innovation)
　企業などの組織が提供する新しい製品やサービスの創造.一般的に「イノベーション」という言葉が単独で使用される場合には,このイノベーションを指すことが多い.

プロセスイノベーション(process innovation)
　モノを生産したり届けたりする新しい方法の創造[2].新しい生産システムの創造を指すことが多い.

非連続イノベーション(discontinuous innovation)
　何らかの新しい商品やサービス,つまりイノベーションが創造され,それが普及していく過程は,図1.2のようなS字カーブで説明することができる.普及過程では,このS字カーブが新たなS字カーブに移行することがある(図1.5).つまり,新たな技術などにもとづいた新たな普及過程が始まるのである.この移行を非連続なイノベーションと呼んでいる.

急進的イノベーション(radical innovation)
　急進的イノベーションとは,特定の技術パラダイムから新たな技術パラダイムへの移行である(Dosi, 1982).技術パラダイムとは,科学論におけるパラダイムと同様に,開発者達が共有している,解かれるべき適

切な問いとそれに対する回答を生み出すための知識，そしてその問いを解決するであろう方法のセットやこれらの総合からなる解決への見通しである．通常の技術発展，つまり漸進的なイノベーションはこのパラダイムの中で，一連の技術軌道の中で行われることになるが，急進的なイノベーションはこのパラダイムの新しいパラダイムへの移行をともなうとしている．急進的なイノベーションは上述の非連続なイノベーションの一側面である．

漸進的イノベーション(incremental innovation)

　漸進的イノベーションは急進的イノベーションと対で語られる概念である．先のDosi (1982)は，同一技術パラダイム上での通常の技術進歩を漸進的イノベーションとしている．改良・改善という意味で使用されることもある．

破壊的イノベーション(disruptive innovation)

　破壊的イノベーションとは，破壊的技術によっておこる市場の断続的変化である．破壊的技術とは，短期的には製品の性能を引き下げることもある新しい技術であり，既存市場の消費者に評価されることはない．バリューネットワークと呼ばれるこのような市場の参加者，つまり開発企業や競合他社，供給業者や消費者なども含めた関係の総合はパラダイムを有しており，そのパラダイムの共有によって市場の方向性は共通のものとなるため，市場に投入される商品はどれも似通ったものとなり，すでに確立された機能における性能の向上が，新商品開発の主たる目的となる．しかし，既存市場のバリューネットワークとは異なるパラダイムをもち評価を行う者たちが破壊的技術を中心として新たなバリューネットワークを形成することで新たな市場が生まれる．その結果，すでに確立されたバリューネットワークとは異なる新たなバリューネットワークが既存の市場を侵食，破壊してしまう．Christensen (1997, 2003)は，この一連の関係性の変化の過程を破壊的イノベーションと呼んでいる．

持続的イノベーション (sustaining innovation)

　持続的イノベーションは破壊的イノベーションと対で語られる概念である．これの意味するところは，すでに確立した既存市場における製品技術の高度化であり，漸進的に改良された製品や，画期的で競合企業を一足飛びに追い越すような製品を指す (Christensen, 1997, 2003)．飛躍的な性能の向上はあってもバリューネットワークやパラダイムに変化がない場合には持続的イノベーションと呼ばれる．

ユーザーイノベーション (user innovation)

　メーカーがおこすものであると考えられているイノベーションであるが，ユーザーがおこすものもある．ユーザー主導でおこるイノベーションをユーザーイノベーションと呼び，それをおこすユーザーをリードユーザー (von Hippel, 1986) と呼んでいる．リードユーザーは，実際の使用場面の中で状況に依存する問題を認識，その問題を解決するような発明を行い，プロトタイプを作成，そしてその価値を使用の中で実証する．そして，その結果がイノベーションとして伝播する．

オープンイノベーション (open innovation)

　社外の技術やアイデアを自社のプロジェクト内に取り込むことでイノベーションを促進したり，自社のイノベーションを他社が利用することで市場を拡大させることによって，これまで以上に収益を得るというビジネスパラダイムをオープンイノベーションと呼んでいる．クローズドイノベーション (closed innovation) と対置される概念である．クローズドイノベーションとはイノベーションに関係する活動のすべての過程を自社内で完結させる，つまり垂直統合型のイノベーション活動であり，NIH (Not Invented Here) 症候群が1つの原因とされている．しかし，近年では，技術開発のスピードや有益な知識が広く拡散・分散してしまっていることなどから，企業がイノベーションをおこし，それを収益化するためには，自社の技術や知識だけではなく，他社の技術や知識も積極的に活用し，また自社では活用できないものに関しては積

極的に公開することで収益化する必要がある(Chesbrough, 2003, 2006；Chesbrough et al., 2008)と言われている.

　以上が頻繁に目にする「○○イノベーション」である. これらの研究は大きく分けて新商品や新サービスの開発や製造の過程とそのあり方について述べたプロダクトイノベーション, プロセスイノベーション, ユーザーイノベーション, オープンイノベーションと, そこで創造された新商品やサービスが普及していく過程とその過程の変化, またその過程で生じていることについて述べた非連続イノベーション, 急進的イノベーション, 漸進的イノベーション, 破壊的イノベーション, 持続的イノベーションに分けることができる[3]. つまり, 新商品や新サービスの開発に関するイノベーション研究とそれらが普及していく過程について論じた普及研究という分類である. これらがイノベーション研究にある2つの潮流である.

　ここまで, イノベーション研究の始原であるSchumpeterから, イノベーション研究の中でも広く社会に浸透している「○○イノベーション」についてみてきた. これらに加えて, ほかにもイノベーションに関するさまざまな研究がある. 以下では, イノベーション研究における2つの潮流, つまり商品・サービスのイノベーション研究とイノベーションの普及研究に分けて, これらさまざまなイノベーション研究を整理していく.

1.2　商品・サービスのイノベーション

　イノベーションの例として頻繁にあがるのはトヨタ自動車のハイブリッドカー, プリウスやApple社のスマートフォン, iPhoneである. これらは, それぞれの企業に莫大な利益をもたらし, またブランド力の向上による, 単一の商品を超えた企業の競争優位の源泉として機能

している．Tidd et al. (2009) はイノベーションについて，それは単に良いアイデアを思いつくこと，つまり発明ではなく，それらが実際に使用されるように育て上げること，つまり商業的な成功に育て上げる過程であるとしている．トヨタ自動車はハイブリッドカー・プリウスを 1997 年に販売開始し，年々販売台数が増加，また他方でホンダ技研工業など他社の参入もあり，ハイブリッドカーのカテゴリーは発展し，トヨタの競争優位の源泉となり続けている．また，Apple 社のスマートフォン・iPhone であるが，この iPhone 登場以前にもスマートフォンは存在した．例えば，世界的にはカナダの Research In Motion 社（現 BlackBerry 社）が開発した BlackBerry 端末が，また日本国内においてもシャープ，ウィルコム（現ワイモバイル），Microsoft 社の 3 社が共同開発した W-ZERO3 が存在した．しかし，これらの端末は日本国内ではそれほど普及せず，発明の域を超えるものではなかった．しかし，Apple 社の iPhone は，その登場とともに販売台数を急激に増加させ，これに対応する形で各社が Google 社の OS・android を搭載した端末を投入，スマートフォンの市場が急激に発展した．Apple 社はこのようなスマートフォンカテゴリーの発展の中でも，そのブランド力などから競争優位を維持し続けている．

　経営学におけるイノベーション研究では，このような市場に大きな変化をもたらし，かつそれが企業の競争優位に重大な影響を与えたものが主な対象となってきた．

　図 1.1 はプリウスや iPhone のような革新的な商品が創造され，それがハイブリッドカーやスマートフォンのような新しい商品カテゴリーを生み出し，普及していく過程を図示したものである．

　この矢印は，新商品の開発から始まり，販売の開始を経て，社会に普及する過程を描いたものである．この新商品とはイノベーション，あるいはプロダクトイノベーションと呼ばれるもので，先ほどの iPhone やプリウスがこれにあたる．近年では，イノベーションと発明

第1章　多様なイノベーション研究

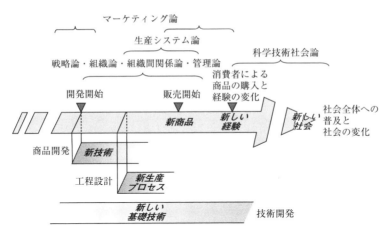

図 1.1　新商品開発過程とイノベーション

(invention)，つまり収益化され企業の競争優位につながったものとそうでなかったものを分けるという観点から，消費者による受容を重視し，消費者に受け入れられ新たな経験を提供できたものをイノベーションとする傾向があり，画期的な新商品というだけではイノベーションと呼ばれないことも多い．

　商品開発過程の背後には新しく投入される新技術（技術革新と呼ばれる狭義のイノベーション）や，その商品を効率よく，また高い品質で生産することのできる新しい生産工程の構築，つまりプロセスイノベーションなどもある．

　そしてこれらの狭義のイノベーションやプロセスイノベーション，そしてそこから生まれるプロダクトイノベーションの結果，画期的な商品やサービスが普及することで社会が経済的にも文化的にも大きく変化する．このような社会の変化もイノベーションと呼ぶことができる．つまり，図 1.1 における太字で書かれたものすべてが，新商品やサービスにかかわるイノベーションと呼ばれるものなのである．

　では，経営学において，なぜこれほどにもイノベーションと呼ばれ

るものが多岐にわたって存在するのだろう．これは先述のSchumpeter (1961)の定義の広さに由来する．つまり，画期的な商品の誕生とそれによる収益化や社会の変化という多くの人が興味をもつ現象に目をつけたさまざまな分野の研究者が，その過程を調査する中でイノベーションと呼ぶことのできる変化を発見した時，それをSchumpeter (1961)の定義を引いてイノベーションと呼んだことが考えられる[4]．これは言い換えれば，マーケティング論や戦略論，生産システム論など出自の違う研究者が，1つの画期的な新商品開発の過程，その中でも意思決定場面や，組織内のコミュニケーションなど異なる部分に焦点をあてて分析していった結果，単一の新商品に関するものでも，いろいろなイノベーションと呼ぶべきものが存在しており，それらについてさまざまな研究者によって個々に研究が進められ，結果として，イノベーションと呼ぶべきものが複数存在することになったともいえる．前節で見たユーザーイノベーションやオープンイノベーションも，こういった研究過程で発見されたものである[5]．

しかし，これらがまったく異なることを意味しているのかというとそういうわけではない．これらに共通しているのは，どのようにすれば画期的で企業の持続的な競争優位を構築するような新商品やサービスを作り出すことができるのか，ということに焦点をあてているという点である．

1.3　イノベーションの収益化と普及

イノベーションに関する研究は，これまで見てきた新商品やサービス開発過程を対象にした研究に加えて，この過程で開発された商品やサービスが社会に普及していき，それが社会を変化させる過程を研究したもの，つまりイノベーションの普及研究がある．これらの研究は，相互に参照する中で発展してきたため類似する点もあるが，その基本的な目的

第1章　多様なイノベーション研究

が異なっている．新商品開発の過程に関する研究と普及研究を整理すると，前者は，新しいモノを生み出す組織の能力や，それを作り出す過程，行動，文化や，商業的に成功する方法などが対象となる．他方，普及に関する研究は，S字カーブ（図1.2）などで視覚化されることが多い研究で，その特徴は，プロダクト・ライフサイクルの導入期から成長期，成熟期を経て衰退期へと至るイノベーションの伝播・浸透の過程や新たなS字カーブへの移行を対象とし，その過程でどのようなことがおきており，どのように進んでいくのか，また，どのような要因がその進行や成否，そして速度に影響を与えているのかを明らかにすることに主眼を置いている．ここで対象となるのは，単一の商品，つまりiPhoneやプリウスではなく，スマートフォンやハイブリッドカーといった商品カテゴリーの普及である．

　では，なぜ普及過程に関する研究が重要なのか．イノベーションは，その先行者が必ずしも利益を得るわけではなく，2番手3番手の模倣者がより利益を得ることがある(Teece, 1986)ことが指摘されており[6]，また，Abernathy and Utterback (1978)はイノベーションの普及過程でより経済的収益が高いのは，普及の初期よりも，その後の製品や工程

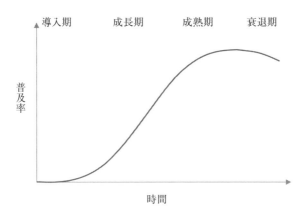

図1.2　普及過程におけるS字カーブ

の改善，つまり漸進的なイノベーションの過程であると述べている．ゆえに，イノベーションの収益化を考える上では，何らかの革新的な商品の開発過程を論じるのと同等に，その収益の多くを生み出す普及の過程を論じることも重要なのである．

イノベーションの普及に関する研究で必ず言及されるのが，①画期的な商品，②それを受け入れる消費者，③その商品によって変化する社会である．これら3者間の関係を図示したのが次章の図2.1である．普及研究は，これらの要因間の関係とそれを媒介する要因の発見，そしてそれらの関係性を変化させる要因を，研究の対象としてきた．この普及研究に関する詳細は次章で見ていくこととする．

1.4　イノベーションの普及プロセスと本書の目的

以上，商品・サービス開発過程におけるイノベーションとそれが普及する過程に関する研究を整理した．

イノベーション研究の始まりとされているSchumpeterの定義では非連続性をイノベーションの前提としていた．つまり改良や改善はイノベーションという概念には含まなかった．しかし，その後の研究の発展の中で，漸進的イノベーションや持続的イノベーションといった概念が登場し，改良や改善も，イノベーションという概念に含まれるようになった．

結果として，イノベーションという言葉を目にしたり耳にしたりする機会が増え，また，誰もが漠然と言葉の意味を理解できるものとなっているのだが，他方で，その意味を正確にとらえることが困難な概念となってしまっている．これを単一の意味に集約することはできないが，その多くは図1.1の矢印と図1.2のS字カーブで描くことができる．さらには，図1.1の矢印もSchumpeterの言い方にならえば，図1.2のS字カーブを微分したものである．新商品の開発過程と普及の過程，つま

第1章　多様なイノベーション研究

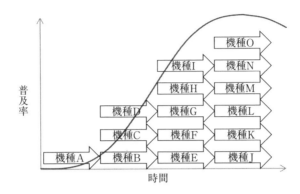

図 1.3　普及過程を構成する新商品

り図 1.1 の過程と図 1.2 の過程を合成したものが図 1.3 である．この中では，機種 A に始まり，さまざまな商品がイノベーションの普及過程で登場し，普及過程を構成していることが描かれている[7]．

このイノベーションの普及過程は，ある時期を境に次の普及過程に移行する．つまり，急進的なイノベーションや破壊的なイノベーションがおこるのである．その移行を図示したのが次の図 1.4 および図 1.5 である．

図 1.4 はこれまでと同様に y 軸に普及率をとったものである．図 1.4 中のベルカーブは，図 1.2 の S 字カーブを延長したものであり，新たな商品カテゴリーの普及過程，つまり新たなベルカーブが生まれ，その成長にともなって，旧カテゴリーから新カテゴリーに採用者が移行する関係が描かれている．他方，図 1.5 は y 軸に性能をとっており，古い S 字カーブから新しい S 字カーブへの移行はパラダイムやバリューネットワークの転換を意味している．

まえがきも含めて，ここまでイノベーションと呼ばれるものが非常に多様であること，それを見た上で，図 1.3 のような形に整理できることを見てきた．

本章の最後に，本書のイノベーションの普及の定義を明らかにしておかなければならない．イノベーションの普及を定義することは難しい．

1.4 イノベーションの普及プロセスと本書の目的

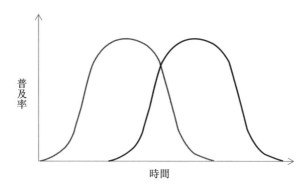

図1.4　普及率にもとづいたイノベーションの移行

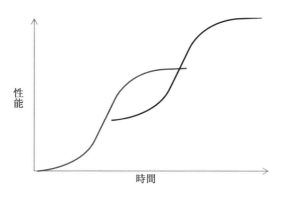

(出典) 榊原(2005), p.33を一部変更
図1.5　性能にもとづいたイノベーションの移行

単純にイノベーションと呼ばれるモノが社会に広がっていく過程をイノベーションの普及と定義すればよいと考えることもできるが，以下の点でこのような定義は困難である．

イノベーションの普及研究で頻繁に言及されるイノベーションの定義としては「個人あるいは他の採用単位によって新しいと知覚されたアイデア，習慣，あるいは対象物」(Rogers, 2003, p.12)がある．これは単独で使用される「イノベーション」の概念とも大きな違いはない．しか

13

し，この「イノベーション」の概念から普及を論じる場合に飛躍が生じることになる．つまり，ある特定の単一の商品を，採用・非採用は描くとしても，大多数の人が共通して新しいと感じることはそれほど多くない[8]．つまり，特定の商品＝イノベーションとすることは，社会的な普及を考える場合には十分ではない．

そこで本書では，図1.3のように多様な商品による同一商品カテゴリーの社会への普及を「イノベーションの普及プロセス」とし，これを分析の対象とする．このようにイノベーションの普及をあらためて表現し，分析を進めることには次のような理由がある．

第一に，画期的な新商品やサービスと感じるモノは人によって異なり単一ではないこと，また画期的とはいえない改良や改善も普及過程の中で重要な要因となっていることを鑑みた時，普及を構成する多様で個性的なモノのすべてを統一的に論じる必要性があるためである．第2節で見たイノベーション研究では単一の商品やサービスの創造や普及だけが扱われ，第3節で見たこれまでの普及研究では，普及する新商品やサービスが，その過程の最初から最後まで一貫して同一のものであるかのように扱われている．つまり普及を構成するさまざまな商品やサービスのもつ個性や，改善・改良，普及が進む中で新たに形成され付与される意味などが捨象されてしまっているのである．イノベーションの普及をイノベーションの普及プロセスとすることで，普及そのものが創造と再創造のプロセスであるという点を強調したいと考える．

イノベーションの普及プロセスを分析の対象とする第二の理由は，イノベーションの普及はメーカーなど提供者側の意図や行為だけで生じるわけではないという点を重視したためである．このような考えの背景にはHughes (1983)やアクター・ネットワーク理論(actor-network theory)[9]といった科学技術社会論がある．Hughes (1983)はイノベーションの普及が技術的要因だけではなく，経済的，政治的，社会的要因が相互に影響を与え合う，技術システムの中で進むとしている．また，

1.4 イノベーションの普及プロセスと本書の目的

アクター・ネットワーク理論においては，翻訳(Callon, 1986；Latour, 1987)という概念を用いて，多様なイノベーションの普及への参加者(アクター)が相互的で連続的に影響を及ぼしあう過程を明らかにしている．例えば，この枠組みを用いてイノベーションの普及プロセスを明らかにした研究に Takeoka et al. (2009)がある．この中では，制度変更によってイノベーションの移行が進められる過程，つまり図1.5のようなイノベーションの移行とそれにともなう画期的な新商品の開発，新しい商品カテゴリーの形成，そして社会に普及していく過程が分析されている．このようなプロセスでは，さまざまなアクター[10]，つまりメーカーや販売店，部品を供給するメーカーや競合他社，あるいは同じような機能を異なる商品カテゴリーの商品によって提供している産業の異なるメーカーとその商品，それら商品を規制する法律，そしてその商品を購入し使用する消費者といったさまざまなアクターによる相互的で連続的な翻訳が行われている．イノベーションの普及プロセスという観点から普及を論じることによって，目的もアイデンティティもまったく異なる諸アクターの行為も普及を構成する要因として分析の対象に含めることができる．

以上のような観点から本書で分析する普及の事例としてはコンパクトデジタルカメラ(第6章，第7章)と携帯電話(第8章)という商品カテゴリー[11]を選択した．

最後に，本書は，上述の定義にもとづいて，次の2つの目的をもって書かれている．第一にイノベーションの普及プロセスを消費者というイノベーションの需要者側の観点から明らかにすることである．これに際して，我々は，消費者によって書き込まれたクチコミ情報を，テキストマイニングという手法を用いて分析する．第二に，我々が分析に使用したテキストマイニングの方法を，実務家も利用可能な方法として提示することによって，商品開発の実践の中で，その方向性や仕様の確定などの段階で重要な役割を果たす道具とすることである．

第 1 章　多様なイノベーション研究

第 1 章の注釈

1) Schumpeter (1961) は生産することを，いろいろな物や力を結合することとし，イノベーションはこの結合方法が古いモノから新しいモノへと変化することによっておこるとしている．

2) プロセスイノベーションは，多くの場合，新しい生産プロセスの創造を意味するが，Davenport (1993) は，この概念をビジネスプロセス全体に拡張した．Davenport (1993) は，ビジネスを生産や財務などの機能の集合としてとらえるのではなくプロセス，つまり「特定の顧客あるいは市場に対して特定のアウトプットを作り出すためにデザインされ構造化された評価可能な一連の活動 (1993, 邦訳 1994, pp.14-15)」としてとらえ，この中のカギとなるプロセスを大きく変化させることで企業の収益や，顧客価値などが改善されるとしている．

3) 漸進的イノベーションと持続的イノベーションは，非常に似た概念である．このような似た内容を意味する概念が存在する理由としては，これらの概念が特定の理論における重要な概念と対置される概念として登場することにある．つまり，イノベーションのジレンマにおける「破壊的イノベーション」と対置される「持続的イノベーション」，あるいは技術パラダイムの転換に関する理論における「急進的なイノベーション」とこれに対置される「漸進的イノベーション」といった関係で登場する．漸進的イノベーションと持続的イノベーションは，その意味するところは大変似ているが，破壊的イノベーションと急進的イノベーションという異なる概念に対置される概念であるため，概念を構成する要素は異なっている．このような類似の概念が複数登場することもイノベーションという概念の意味を取りにくいものとしている一因である．

　急進的なイノベーションと破壊的なイノベーションは共に，パラダイムの変化をイノベーションの説明に用いており，似た概念である．これはChristensen が Dosi の技術的パラダイムの転換に関する理論をもとにイノベーターのジレンマに関する理論を構築しているためである．異なっている点としては，技術的パラダイムの転換に関する理論は，あくまでも技術発展における技術に関するパラダイムの移行を中心に論じているのに対して，イノベーションのジレンマは，技術とそれを取り巻く環境も含んだバリューネットワークの移行と，それにともなう商業的成否について論じているという点である．この急進的イノベーションと破壊的イノベーションの違いが，漸進的イノベーションと持続的イノベーションにも反映されており，漸進的イノベーションの場合はパラダイム内の通常の技術発展を意味し，持続的イノベーションの場合には，それに加えて商業的成否が論じられることになる．

4) 経済学においては，大きく経済を発展させる動因となったものをイノベーションとし，普及研究で必ず引用される Rogers (2003) の研究では採用者が新しいと知覚したものをイノベーションと呼んでいる．このことから経済学のイノ

第 1 章の注釈

ベーションはマクロな観点から，普及研究のイノベーションはミクロな観点からの変化の把握といえる．

5) また，その研究がなされた時にはイノベーション研究だとはされていなかったものも，後の研究者が先行研究をレビューする中でイノベーション研究に位置づけたものもある．こういったことも，多様なイノベーションとその研究が存在する一因と言える．

6) Teece (1986) は，イノベーションから利益を得るのは，必ずしも先行者ではなく，2 番手以降の模倣者である場合がある事を指摘し，その収益性を分ける要因として補完的資産をあげている．補完的資産とは，単なる発明を商業化する際に使用されるものであり，ブランドやノウハウ，設備などがこれにあたる．Teece (1986) は，この補完的資産を専有することができるものが，イノベーションから収益を得ることができるとしている．

7) 図 1.3 中では漸進的イノベーションや持続的イノベーションとされるものも含まれている．破壊的イノベーションや急進的イノベーションだけをイノベーションとするならば，機種 A や機種 B，C，D など，革新的な商品や新市場の形成に成功した商品だけが図 1.1 の矢印を描く対象となるが，図 1.3 では漸進的イノベーションや持続的イノベーションとされるものも，普及過程を構成するものであると同時にイノベーションとして，矢印で描いている．これは，先述の Teece (1986) や Abernathy and Utterback (1978) の指摘にあるように，収益化という観点から考えた場合には，漸進的イノベーションや持続的イノベーションとされるものも重要であると考えられるからである．

8) また次のような問題もある．たとえばスマートフォンの場合，iPhone を「新しい」と思った採用者が，後々になってブラックベリーの存在を知り，「ブラックベリーこそ新しかったんだ」と認識した場合，イノベーションはブラックベリーということになる．しかし，ブラックベリーが登場した時には採用者でもなければ，その存在も知らない可能性もある．このことから，何をイノベーションとするかの決定を消費者の認識や同定に依存する場合にも，唯一のイノベーションが存在しないだけではなく，消費者による無意識の線引き（注 11 の研究者によるオントロジカル・ゲリマンダリングの場合には意識的である）が生じることになる．

9) アクター・ネットワーク理論とは科学技術社会論における研究アプローチのひとつである．その特徴は，ヒトやモノを異種混淆のアクターからなるネットワーク（ハイブリッド・コレクティブス：hybrid collectives）としてとらえ，新技術（イノベーション）の発展過程の説明をモノだけに，あるいは社会だけに還元することなく，ヒトとモノを等置した概念であるアクターとそれらアクターが構成するネットワークの変化として分析するという視点である．

10) アクター・ネットワーク理論におけるアクターとは，技術の発展過程など，分

第1章 多様なイノベーション研究

析の中で登場するヒトやモノを指している．個々のアクターはそれぞれに興味や関心，意図を持ち，またそれを実現する能力や可能性を有している．これらを総合してアクターのエージェンシーと呼ぶ．また個々のアクター自体も，複数のアクターからなる異種混淆のネットワークである．

11) このような商品カテゴリーもアプリオリに，客観的に存在しているわけではない．例えば，日本における消費動向調査では，2004年3月までは「カメラ機能付き携帯電話」をデジタルカメラとして集計していたが，2005年3月以降は集計の対象からは除外している．このように「カテゴリー」という言葉で表現される範囲は変化するものである．しかし，カテゴリーの中に含まれる範囲が流動的で変化するものであったとしても，著者が独断で特定の商品の包含を決定することは，オントロジカル・ゲリマンダリング (Woolger & Pawluch, 1985) 問題を抱えることになる．そこで本書では，長期にわたって定着していると考えられるものを選択している．コンパクトデジタルカメラの場合には一般社団法人カメラ映像機器工業会の，携帯電話の場合には内閣府の消費動向調査にもとづいてカテゴリーの範囲を限定している．

第1章の参考文献

[1] 榊原清則 (2005)『イノベーションの収益化−技術経営の課題と分析』，有斐閣．

[2] 内閣府 (2015)『消費動向調査』
http：//www.esri.cao.go.jp/jp/stat/shouhi/shouhi.html#taikyuu
（最終確認日：2015年6月12日）

[3] Abernathy, W. J. and Utterback, J. M. (1978). "Patterns of industrial innovation," *Technology Review,* 80(7), 40-47.

[4] Callon, M. (1986). "Some elements of a sociology of translation: domestication of the scallops and the fishermen of Saint Brieuc Bay," Law, J. (eds.) *Power, action and belief: A new sociology of knowledge?*, Routledge and Kegan paul, pp.196-233.

[5] Chesbrough, H. (2003). *Open Innovation: The New Imperative for Creating and Profiting from Technology*, Boston, MA: Harvard Business School Press. （邦訳）ヘンリー・チェスブロウ 著，大前恵一朗訳 (2004)『OPEN INNOVATION −ハーバード流イノベーション戦略のすべて』，産能大出版部．

[6] Chesbrough, H. (2006). *Open Business Models: How To Thrive In The New Innovation Landscape*, Boston, MA: Harvard Business School Press. （邦訳）ヘンリー・チェスブロウ 著，諏訪暁彦，原潔 訳 (2007)『オープンビジネスモデル-知財競争時代のイノベーション』，翔泳社．

[7] Chesbrough, H., VanHaverbeke, V. and West, J. (2006). *Open Innovation: Researching a New Paradigm*, New York, NY: Oxford University Press. （邦

第1章の参考文献

訳)ヘンリー・チェスブロウ，ウィム・ヴァンハーベク，ジョエル・ウェスト著，PRTM 監訳，長尾高弘 訳(2008)『オープンイノベーション組織を越えたネットワークが成長を加速する』，英治出版.

[8] Christensen, C. M. (1997). *The Innovators Dilemma, When New Technologies Cause Great Firms to Fail*, Boston, MA：Harvard Business School Press.（邦訳） クレイトン・クリステンセン 著，玉田俊平太 監修，伊豆原弓 訳(2001)『イノベーションのジレンマ－技術革新が巨大企業を滅ぼすとき 増補改訂版』，翔泳社.

[9] Christensen, C. M. and Raynor, M. E. (2003). *The Innovator's Solution：Creating and Sustaining Successful Growth*, Boston, MA：Harvard Business School Press.（邦訳） クレイトン・クリステンセン，マイケル・レイナ- 著，玉田俊平太 監修 櫻井祐子 訳(2003)『イノベーションへの解』，翔泳社.

[10] Davenport, T. H. (1993). *Process Innovation：Reengineering Work Through Information Technology*, Boston, MA：Harvard Business School Press.（邦訳）トーマス・H・ダベンポート著，卜部正夫，杉野周，伊東俊彦，松島桂樹 訳(1994)『プロセス，イノベーション情報技術と組織変革によるリエンジニアリング実践』，日経BP出版センター.

[11] Dosi, G. (1982). "Technological paradigms and technological trajectories - A suggested interpretation of the determinants and directions of technical change," *Research Policy*, 11(3), pp.147-162.

[12] Hughes, T. P. (1983). *Networks of power：Electrification in Western society, 1880-1930*, Baltimore, Johns Hopkins University Press.（邦訳） T・P・ヒューズ著，市場泰男 訳(1996),『電力の歴史』，平凡社.

[13] Latour, B. (1987). *Science In Action：How to follow scientists and engineers through society*, Cambridge, MA：Harvard University Press.（邦訳） ブルーノ・ラトゥール著，川崎勝，高田紀代志 訳(1999)『科学が作られているとき－人類学的考察』，産業図書.

[14] Rogers, E. M. (2003). *Diffusion of Innovations (5th Ed.)*, New York, NY：The Free Press.

[15] Schumpeter, J. A. (1961). *The Theory of Economic Development：An inquiry into profits, capital, credit, interest, and the business cycle*, Cambridge, MA：Harvard University Press.

[16] Takeoka, S., Takayanagi, N., Hazama, Y., Ota, M., (2009). "Case Analysis to Study The Comprehensive Innovation Process with Actor-Network Theory,"『日本情報経営学会誌』, Vol.30-2, pp.74-89.

[17] Teece, D. J. (1986) "Profiting from Technological Innovation：Implications for Integration, Collaboration,Licensing and Public Policy," *Reseach policy*, 15

(6), pp.285-305.
- [18] Tidd, J. and Bessant, J. (2009). *Managing Innovation : Integrating Technological, Market and Organizational Change. (4th ed.)*, Chichester, Wiley.
- [19] von Hippel, E. (1986). "Lead Users : a Source of Novel Product Concepts," *Management Science*, Vol.32, No.7 : pp.691-805.
- [20] Woolgar, S. and Pawluch, D. (1985). "Ontological Gerrymandering : The Anatomy of Social Problems Explanation," *Social problems*, Vol.32 No.3 : pp.214-227.

第2章
イノベーション普及研究のレビュー

2.1 イノベーションの普及

　本章の目的は，イノベーションの普及研究の文献レビューを行い，イノベーションの普及に関する問題点や課題を整理することである．

　イノベーションは企業経営の重要課題としてとらえられ，数多くの実践がなされてきた．その発端となったのはイノベーションについて最初に議論したとされる Schmpeter (1926)であり，彼は，経済的成長をもたらすものをイノベーションとしている．これを原点にしつつ，企業は成長の源泉としてイノベーションを認識し，そのマネジメントを試みている．

　イノベーションのマネジメントを考えるためには，イノベーションがどのような過程(プロセス)でおこるのかを知る必要がある．イノベーションプロセスは以下のように大きく2つに分けることができる．

　① イノベーションの源泉である新しいモノ・コトを創造するプロセス
　② 創造した新しいモノ・コトを普及させるプロセス

　一般的にイノベーションとして認識されているのは，①の創造のプロセスである．しかし，企業の視点から見ると，創造のプロセスのみならず，②の普及のプロセスも重要であることがわかる．新しいモノ・コトは普及して初めて人々の役に立ち，結果として企業は対価を得ることができるからである．では，普及のプロセスが重要であるならば，今後必要な研究はどのようなものだろうか．既存の普及に関する研究において不足しているものはどのようなものだろうか．2.4～2.5節でも述べるが，これまでの研究では「イノベーションの変化」に関する検討が不足している．

普及に関する既存研究については，経営学の領域に限ったとしても，その蓄積は豊富である．しかしながら，それぞれの研究は独立しており，全体の関係をうまく整理した研究は少ない．例えば，Tidd (2011) は，普及に影響を与える要因は3つに分類できるとした．3つとは「イノベーションの特性」「個人的あるいは組織的な採用者の特性」「環境の特性」である．「イノベーションの特性」とは，後述する「知覚されたイノベーション属性」とほぼ同義であり，「個人的あるいは組織的な採用者の特性」とは，年齢や教育度合いなどを含む採用者の特性のことである．「環境特性」とは，市場環境など普及してく社会の特性である．このような3つの要因をあげているが，それぞれの関係について深く言及してはいない．

そこで，本章では過去の研究を上記の普及に影響を与えるとされる3要因に関する研究（直接要因研究）に加え，それらの要因間において媒介的に働く3要因に関する研究（媒介要因研究）に分けて整理を行う（図2.1）．直接要因研究とは，その要因の変化が直接的に普及に影響を与えると考え行われる研究である．媒介要因研究とは，その要因の変化が，普及に間接的な影響を与えると考え行われる研究である．これらの整理を行った上で，「イノベーションの変化」という課題について言及する．

2.2 普及の直接要因研究

2.2.1 新しいモノ・コトに関する研究

直接要因研究の第一は，新しいモノ・コトの違いが普及に影響を与えると考える研究である（図2.1内①）．このような研究は，特定のアイデアや商品，すなわち普及したモノ・コトを分析し，特徴や普及への影響を明らかにする．例えば，Rogers and Shoemaker (1971)は，新しいモノ・コトに5つの「知覚されたイノベーション属性」があるとしている．その上で，5つの「知覚されたイノベーション属性」から普及速度

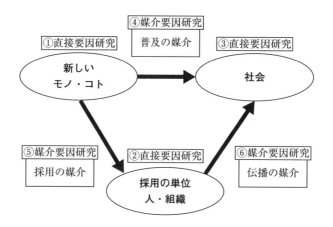

図 2.1 イノベーションの普及研究

の違いを説明しようと試みている．彼らによるとこの5つとは，「相対的有利性」「両立性」「複雑性」「試行可能性」「観察可能性」である．「相対的有利性」は，イノベーションが他のアイデアよりも良いと知覚される程度である．「両立性」は，イノベーションが過去の経験や欲求と衝突をおこさないと知覚される程度である．「複雑性」は，イノベーションの理解や使用が難しいと知覚される程度である．「試行可能性」は，イノベーションを試しに利用することができる程度である．「観察可能性」は，イノベーションを採用した成果が，採用者以外に伝えられる程度である．また，普及速度はイノベーションが採用される相対的速度であり，一定期間に新しいモノ・コトを採用した人数で測定される．これらの変数を用い，過去の研究を元に，複雑性を除く4つの属性に普及速度と正の相関関係が見られることを示した．また，複雑性に普及速度と負の相関関係が見られたとも指摘している．Rogers and Shoemaker (1971) によると，5つの「知覚されたイノベーション属性」によって，普及速度の 49〜87% が説明できる．このような属性研究は他にもあり，例えば Fliegel and Kivlin (1962) は，11 の属性を設定し，普及速度との

関係について分析を行っている．

　このような「知覚されたイノベーション属性」とは異なる視点からイノベーションを分類し，普及の説明を試みる研究もある．Hirschman (1982)は，「象徴主義」と「技術」という2つの次元においてイノベーションが生起していると考え，イノベーションを区別した．彼によると，象徴主義の次元において，既存の商品に意味を再度付与する「象徴的イノベーション」がおきる．また，技術の次元においては，モノ自体に特徴や改変を加える「技術的イノベーション」がおきる．Robertson (1971)は，すでに確立されている消費のパターンとイノベーションの関連性という視点から，「連続的なイノベーション」と「非連続的イノベーション」に分けて議論を行っている．また，Donnely and Etzel (1973)は，新しさに着目し，「本当に新しいもの」「かろうじて新しいもの」「見せかけの新しいもの」に分類して研究を行っている．

2.2.2　採用者に関する研究

　直接要因研究の第二は，採用者の特性の違いが，普及に影響を与えると考える研究である（図2.1内②）．このような研究は，採用者を一定の基準で分類し，採用者の違いから普及の成否や速度の違いを説明する．

　Rogers and Shoemaker (1971)は，「採用者の革新性」の違いを元に，採用者を分類した．革新性とは，イノベーションの採用者を，その採用の時期や態度，属性によって分類したものである．この場合，採用者は，「革新的採用者」「初期少数採用者」「前期多数採用者」「後期多数採用者」「採用遅滞者」に分けられる．「革新的採用者」は，新しいアイデアを試すことに熱心な人々である．また，不適当なイノベーションの損失に耐え得るだけの財力や複雑な知識を理解する能力があることも条件にあげられている．「初期少数採用者」は，革新的採用者よりも，社会システムに組み込まれている人々である．また，後述するオピニオン・リーダーシップが高く，潜在的採用者が情報やアドバイスを求めること

もある．「前期多数採用者」は，革新的採用者や初期少数採用者よりも，採用決定に時間がかかる．また，彼らは，採用が早い人と遅い人との間の連結役でもある．「後期多数採用者」は，イノベーションに対し疑い深い人々であるため，社会システムの大多数が採用するまで，採用を決定しない．「採用遅滞者」は，イノベーションを最後に採用する人々である．

一方，採用者の所属する社会やグループの違いが普及に影響を与えるという観点から分析する「社会的シグナル」の研究もある．この研究によれば，人は他者の所属やアイデンティティのような社会的情報を他者のイノベーションの採用から推測する．また，人はイノベーションの採用を通じて，社会的な違いやあるいはグループのアイデンティティに関するシグナルを発するのである．それらのシグナルは，そのグループにあこがれをもつ人々に受信され，同じ行動をとらせる．すなわち，同じグループに属したいと考える人々への普及を促進する．一方で，それらのグループとの違いを出すことを求める人々は採用を控えるようになる．すなわち，普及を阻害することもある(Berger and Heath, 2007；Berger & Heath, 2008)．

2.2.3 社会の状況に関する研究

直接要因研究の第三は，ある時点での社会の状況から，その時点以降の普及の説明を試みる研究である(図 2.1 内③)．この研究では，普及の予測，すなわちある時点の普及状況から将来の普及状況の予測を行うことに焦点をあてている．

Bass (1969) は，潜在的採用者を 2 種類に分けることができると考える．一方は，対人コミュニケーションに影響を受けて採用を決定する潜在的採用者であり，もう一方はマスメディアコミュニケーションに影響を受けて採用を決定する潜在的採用者である．対人コミュニケーションに影響を受けて採用を決定する潜在的採用者数は，普及過程の前半では

非常に多くなるものの，ある時点から徐々に減少するようになるく．一方，マスメディアコミュニケーションの影響を受けて採用を決定する潜在的採用者数は，相対的に普及初期に集中するものの，普及過程全体を通して継続的に存在し続ける．このように，両者への普及の仕方が異なることに着目し，ある時点における普及率およびいくつかの変数から将来時点の普及率を予測するモデルを示した．このモデル(Bass モデル)によって，市場全体における購入者数や一定期間における購入者数などが予測できる．さらに，このモデルが基礎となり予測精度を上げるためにさまざまな修正や拡張が行われている(Mahajan and Peterson, 1985)．

2.3 普及の媒介要因研究

2.3.1 普及過程の媒介要因研究

媒介要因研究の第一は，新しいモノ・コトが社会に普及していく過程において，新しいモノ・コトにのみ普及の原因を求めるのではなく，媒介要因の働きによって，社会への普及が変化したととらえる研究である(図 2.1 内④)．

Utterback (1994)は，新しいモノ・コトに「ドミナントデザイン(支配的設計)」が登場することによって，普及が加速することや，普及が失敗することを示している．「ドミナントデザイン」とは，ある市場で広く認められた設計のことである．「ドミナントデザイン」は，商品そのものがあらかじめもつ性質ではない．あくまで，普及していく過程の中で形成されるものである．

David (1985)によるタイプライターの普及に関する研究では，このような勝ち残る技術や設計は，それ自体の優劣によるものではなく，歴史的過程によって決まるとされている．類似のものとして，山田(1993)の，規格におけるデファクトスタンダード形成の研究がある．

「ドミナントデザイン」に要因を限定せず，普及が急速に進む時点を「テイクオフ」と呼び，その原因を探る研究もある．Golder and Tellis (1997)によると，「テイクオフ」とは，商品ライフサイクルにおける導入期と成長期を区切るものであり，売上げの劇的な増加が発生する時点である．そして，このテイクオフを前倒しする要因として，商品の値下げや商品カテゴリー，文化的な要因があげられている(Tellis et al. 2003；Foster et al. 2004)．

普及が加速する要因に関する研究とは対照的に，それを阻害する要因に関する研究としてMoore (1999)がある．Moore (1999)はハイテク商品を対象に，比較的早期に採用する採用者と，後期に採用する採用者の間には明確な嗜好の違いがあることを明らかにし，その違いが「キャズム」という普及過程の谷を生じさせる，つまり普及の失敗が生じることを論じている．このキャズムの概念は，後により精緻化され「サドル(Saddle)[1)]」概念としても議論されている(Goldenberg et al., 2002)．

2.3.2　決定過程の媒介要因研究

媒介要因研究の第二は，新しいモノ・コトの採用を採用者が意思決定する過程において，媒介要因が影響を与えた結果，採用の有無が変化し普及も変化すると考える研究である(図2.1内⑤)．この研究には，Rogers (2003)の「オピニオンリーダー」や「チェンジエージェント」といったコミュニケーションチャンネルに関する研究がある．

Rogers (2003)によれば，コミュニケーションチャンネルは，普及に影響を与えている．彼は，コミュニケーションチャンネルを対人チャンネルとマスメディアチャンネルに分けて議論を行っている．この対人チャンネルの担い手とされ，他者や組織の態度・行動に影響を及ぼし，望ましい方向へ向かわせる人や組織をオピニオンリーダーと呼ぶ．このような人々はその影響を受ける人々(フォロワー)と比べてマスメディアや後述するチェンジエージェントとの接触や社会参加が多いとされている．

社会システムの内部に存在しながら，他者への影響力を行使するオピニオンリーダーに対し，採用者の所属する社会の外部から影響力を行使する専門家がチェンジエージェントである．チェンジエージェントとオピニオンリーダーは所属する社会が異なるという違いはあるものの，採用者に影響を及ぼす要因であるという点で共通している．このようなオピニオンリーダーやチェンジエージェントと同様の働きをするものに，イノベーションの採用に非常に積極的な「イノベーター（Rogers, 2003）」やイノベーションを他者に先駆けて採用し，独自の改良を加えることのある「リードユーザー（von Hippel, 1986）」が存在する．

2.3.3 伝播過程の媒介要因研究

媒介要因研究の第三は，イノベーションが採用者から採用者へ広がっていく過程（伝播過程）において，媒介的に働く要因があると考える研究である（図2.1内⑥）．この研究には，「ネットワーク外部性」や「クリティカルマス」に関する議論が含まれる．

ネットワーク外部性とは，Rohlfs（1974）によって提唱され，Katz and Shapiro（1985）において体系化されたとされる，普及すること自体によって働く効果のことである．彼らが定義するネットワーク外部性には3種類ある．第1の効果は直接効果であり，新しいモノ・コトを使用する人の数が，その新しいモノ・コトの実現する使用価値に影響を与えるというものである．第2の効果は間接効果であり，使用者の増加が補完的な商品市場の拡大を促し，市場への参入が増加，結果として，モノ・コトによって実現される使用価値が高まり，普及に影響を与えるものである．第3の効果はサービス体制の効果であり，商品購入後のサービスの体制などが普及に影響を与えるものである．さらに，Loch and Huberman（1999）は，ネットワーク外部性が働くことによって普及が急速に進む断続的平衡の発生，言い換えると急激な採用者数の増加がおこることを指摘している．

このような，急速な普及の進展，あるいは採用の発生について，「クリティカルマス」や「ティッピングポイント」という言葉による説明がなされている．Rogers (2003)によると，「クリティカルマス」とは，普及が加速する点(一定程度普及した状態)のことである．この概念はネットワーク外部性と関係しており，ある時点までは抑制的に働く効果が，ある時点を越えると促進する要因として働く，その点を，「クリティカルマス」と呼ぶ．理論的背景は異なるものの，Gladwell (2000)は，急激な変化を生み出す時点をティッピングポイントと呼んでいる．クリティカルマスとティッピングポイントには，対象を具体的な商品に絞っているのか否か，その発生の原理は何かという違いは存在する．しかし，いずれも商品そのものや消費者が変化するのではなく，媒介的に働く要因があることで，普及が変化するという点では共通している．

これらの研究では，「ネットワーク外部性」や「クリティカルマス」のような概念を用いることで，採用者間の伝播，ひいては社会への普及が変化することを示している．

2.4 イノベーションの変化

前節までにおいて，イノベーションの普及という現象が理論および研究対象の両面において，多様な観点から行われてきたことを示した．本書で行う研究も，当然この研究枠組みに含まれるものである．しかし，これまでの研究枠組みとは少し異なり，本書ではイノベーションの変化，裏を返せばイノベーションの同一性を中心に議論を行っていく．ここでは，これまでの研究をイノベーションの変化という観点から整理し，イノベーションの変化を議論することの意味を検討する．

表2.1はイノベーションの変化(イノベーションの物質的，意味的変化)が既存研究においてどのように扱われているのかを簡単にまとめたものである．「イノベーションの単位」とは，研究対象となったイノベー

第2章 イノベーション普及研究のレビュー

表2.1 イノベーションの変化と既存研究の関係

理論(概念)名称	イノベーションの単位	理論におけるイノベーションの変化の内包可能性	研究対象におけるイノベーションの変化の内包可能性
知覚されたイノベーション属性	モノ・コト	○	×
採用者の革新性	モノ・コト	○	×
社会的シグナル	モノ・コト	×	×
Bassモデル	モノ・コトの集合	×	○
ドミナントデザイン	モノ・コトの集合	○	○
キャズム	モノ	×	×
リードユーザーイノベーターオピニオンリーダー	モノ・コト	○	○
ネットワーク外部性	モノ・コト	○	○
クリティカルマス	モノ・コトの集合	×	○

ションがどのような性質のものかを分類している.「理論におけるイノベーションの変化の内包可能性」とは,イノベーションが変化することを前提とした場合,理論が成立し得るかどうかを表している.また,「研究対象におけるイノベーションの変化の内包可能性」とは,それぞれの研究において用いられた事例や事象がイノベーションの変化を内包しているのかどうかを表している.

知覚されたイノベーション属性に関する研究は,その理論においてはイノベーションの変化を前提にすることが可能である.この理論は,あくまでイノベーションを特定の諸属性項目からとらえることを意図しているのであり,イノベーションが変化した場合はその項目も変化することとなる.一方,既存研究にて取り上げられた事例はある一時点におけるイノベーション属性と普及速度の関係を統計的に検討しているのみである.ゆえに,時間経過とともにイノベーション属性が変化している可能性は検討されていない.

採用者の革新性に関する研究は,その理論においてイノベーションの

2.4 イノベーションの変化

変化を前提とすることができる．採用者のもつ特性は，イノベーションが変化しても変わることはない．しかし，革新性の測定は特定の製品の普及推移であるベルカーブから行われるため，新たなベルカーブが作られる可能性があるイノベーションの変化を前提とした測定は困難である．よって，研究対象においてはイノベーションの変化は前提とされていない．社会的シグナルに関しては，イノベーションが変化した場合，それが発するシグナルも変化する可能性がある．それ故，理論および研究対象のいずれにおいてもイノベーションの変化は前提とすることができない．

Bassモデルに代表される予測モデルは，理論としてイノベーションの変化を組み込むことはできない．イノベーションが変化することにより，潜在的採用者と顕在的採用者の数自体が変化する可能性があるからである．しかし，実際に分析している現象は，モノ・コトの集合体をまとめて取り扱っているため，イノベーションの変化を内包するものとなっている．

ドミナントデザインの研究は，普及過程におけるイノベーションの変化を扱っているため，理論的な内包可能性をもっている．また，研究対象においてもイノベーションの変化を内包することが可能である．一方，キャズムの研究は，普及過程においてイノベーションが変化しないことによっておこる現象をキャズムとしているため，イノベーションの変化を議論に組み込むことはできない．実際に取り扱っている現象も，変化しないイノベーションである．ただし，キャズムを克服するためにはイノベーションがその普及状況に応じて変化することの必要性を指摘している．そのため，イノベーションの変化を取り扱う必要性を指摘する理論ということもできる．

リードユーザー，イノベーター，オピニオンリーダーの研究は，理論としてイノベーションの変化を内包することが可能である．これらの研究は，イノベーションに対する人の振舞いを議論しているため，イノ

ベーションの変化の有無は理論と齟齬をきたさない．また，分析に用いられる事象においても，イノベーションを柔軟に変化させていることが示されている．

ネットワーク外部性の研究においては，イノベーションの変化を理論的に内包することが可能である．また，実際に分析対象となっている事象においても，ネットワーク外部性によってイノベーションに対する認識が変化したことが示されており，イノベーションの変化を前提とすることが可能であることを示している．一方，クリティカルマスの研究は，特定のイノベーションがある一定量普及した時に加速することを示しているため，イノベーションに変化があった場合，一定量に達すること自体が不可能となる．そのため，理論的に内包することはできない．しかし，研究対象はモノ・コトの集合体を取り扱っているため，イノベーションは変化していることが考えられる．ゆえに，研究対象としてはイノベーションの変化を内包することが可能である．

このように，既存研究は，その焦点によってイノベーションの変化を前提とすることができるかどうかが異なっている．イノベーションの変化を取り扱う必要性自体は，ドミナントデザインやリードユーザーの議論で明らかではあるが，一方でこれら以外の研究では検討されていないことも多い．イノベーションの変化を取り扱う必要性がある以上，既存研究の中でイノベーションの変化を前提としていないものに関しては，イノベーションの変化を前提とした場合どのような議論が可能なのか検討することが必要である．

2.5　第2章のまとめ

本章では，イノベーションの普及研究をレビューし，イノベーションの変化を議論することの意味を指摘した．端的には，イノベーションの変化が一部の既存研究で明確にされているにもかかわらず，多くの研究

ではそれを前提とした議論がなされていないということであった．

次章では，イノベーションの普及分析において，イノベーションとして認識されるモノ・コトが変化することの意味を検討する．

第2章の注釈

1) Goldenberg et al. (2002)は，米国のハイテク家電市場を対象とした分析を行い，売り上げがピークを迎え，一度減少したのち，初回のピークを越える売り上げに至るというパターンを明示し，このパターンをサドルと名づけた．

第2章の参考文献

[1] 青地愼一(2007)『イノベーション普及過程論』，慶應義塾大学出版会．
[2] 宇野善康(1990)『《普及学》講義：イノベーション時代の最新科学』，有斐閣．
[3] 竹岡志朗，井上祐輔，高木修一(2004)「テキストマイニングを用いたイノベーションの普及分析」，『日本情報経営学会誌』，Vol.35, No.1, pp.72-86.
[4] 山田英夫(1993)『競争優位の「規格」戦略：エレクトロニクス分野における規格の興亡』，ダイヤモンド社．
[5] Bass, F. (1969). "A new product growth for model consumer durables," *Management Science*, Vol.15, No.5, pp.215-227.
[6] Berger, J. and Heath, C. (2007). "When Consumers diverge from others, Identity signaling and product domains," *Journal of Consumer Research*, Vol.34, No.2：pp.121-134.
[7] Berger, J. and Heath, C. (2008). "Who drives divergence? Identity signaling, out-group similarity, and the abandonment of cultural tastes," *Journal of personality and Social Psychology*, Vol.95, No.3, pp.593-607.
[8] David, P. (1985). "Clio and the economics of QWERTY," *American Economic Review*, Vol.75, No.2：pp.332-337.
[9] Donnely, J. H. Jr. and Etzel, M. J. (1973). "Degrees of Product Newness and Early Trial," *Journal of Marketing Research*, Vol.10, No.3, pp.295-300.
[10] Fliegel, F. C. and Kivlin, J. E. (1962). "Farm Practice Attributes and Adoption Rate," *Social Forces*, Vol.40, No.4, pp.364-370.
[11] Foster, J. A., Golder, P. N. and Tellis, G. J. (2004). "Predicting sales takeoff for whirlpool's new personal valet," *Marketing Science*, Vol.23, No.2：pp.182-185.
[12] Gladwell, M. (2000). *The Tipping Point：How Little Things can make a Big Difference*, Boston, MA：Little Brown. (邦訳) マルコム・グラッドウェル著,

高橋啓邦 訳(2000)『ティッピングポイント』, 飛鳥新社.
- [13] Goldenberg, J., Libai, B. and Mulller, E. (2002). "Riding the saddle : How cross-market communications can create a major slump in sales," *Journal of Marketing*, Vol.66, No.2 : pp.1-16.
- [14] Golder, P. N. and Tellis, G. J. (1997). "Will it ever fly? Modeling the takeoff of really new consumer durables," *Marketing Science*, Vol.16, No.3 : pp.256-270.
- [15] Hirschman, E. C. (1982). "Symbolism and Technology as Sources for The Generation of Innovations," *Advances in consumer Research*, Vol.9, No.1 : pp.537-541.
- [16] Katz, M. L. and Shapiro, C. (1985). "Network externality, competition, and compatibility," *The American Economic Review*, Vol.475, No.3, pp.424-440.
- [17] Loch, C. and Huberman, B.A. (1999). "A punctuated equilibrium model of technology diffusion," *Management Science*, Vol.45, No.2, pp.160-177.
- [18] Mahajan, V. and Peterson, R. A. (1985). *Models for Innovation Diffusion*, Cambridge, Mass : Sage Publishing.
- [19] Moore, G.A. (1999). *Crossing the Chusm:Marketing and Selling High-Tech Products Mainstream Customer, Rev.ed.*, New York : Harper Business. (邦訳) ジェフェリー・ムーア著, 川又政治 訳(2002)『キャズム』, 翔泳社.
- [20] Robertson, T. S. (1971). *Innovation Behavior and Communication*, New York, Holt, Reinhart and Winston Inc..
- [21] Rohlfs, J. (1974). "A Theory of Interdepended Demand for Communication Service," *Bell Journall of Economois and Management Science*, Vol.5, No.1 : pp.16-37
- [22] Rogers, E. M. and Shoemaker, F. F. (1971). *Communications of innovations : A Cross-Cultural Approach*, (2nd ed.), New York : The Free Press. (邦訳) E・M・ロジャーズ著, 宇野善康監 訳(1981)『イノベーション普及学入門:コミュニケーション学, 社会心理学, 文化人類学, 教育学からの学際的, 文化横断的アプローチ』, 産業能率大学出版部.
- [23] Rogers, E. M. (1982). *Diffusion of Innovations*, (3rd ed.), New York, NY : The Free Press. (邦訳) エベレット・M・ロジャーズ著, 青池慎一, 宇野善康監 訳(1990)『イノベーション普及学』, 産能大学出版部.
- [24] Rogers, E. M. (2003). *Diffusion of Innovations*, (5th ed.), New York, NY : The Free Press. (邦訳) エベレット・ロジャーズ著, 三藤利雄 訳(2007)『イノベーションの普及』, 翔泳社.
- [25] Schumpeter, J. A. (1926). *Theorie der wirtschaftlichen Entwicklung : eine Untersuchung über Unternehmergewinn, Kapital, Kredit, Zins und den Konjunkturzyklus*, München, Leipzig : Duncker & Humblot. (邦訳) ジョゼフ・

A・シュンペーター著,塩野谷祐一,中山伊知朗,東畑清一 訳(1977)『経済発展の理論:企業者利潤,資本,信用,利子および景気の回転に関する一研究』,岩波書店.
- [26] Tellis, J. J., Stremersch, S. and Yin E. (2003). "The international takeoff of new products : the role of economics o, culture and country innovativeness," *Marketing Science*, Vol.22, No.2 : pp.77-96.
- [27] Tidd, J. (2011). "From Models to the Management of Diffusion" in Tidd, J. (ed.), *Gaining Momentum - Managing the Diffusion of Innovations*, London : Imperial College Press : pp.3-45.
- [28] Utterback, J. M. (1994). *Mastering the Dynamics of Innovation*, Boston, Mass : HBS Press.

    Moore, G. A. (1991). Crossing the Chasm : *marketing and selling high-tech products to mainstream customers*, New York : Harper Business.
- [29] von Hippel, E. (1986). "Lead Users : a Source of Novel Product Concepts," *Management Science*, Vol.32, No.7, pp.691-805.
- [30] von Hippel, E (2005). *Democratizing innovation,* Cambridge, MA : MIT Press.

第3章
「イノベーションが普及する」とは，どういうことなのか
―テキストマイニングの利用可能性―

3.1 普及過程におけるイノベーションの意味づけ

　第2章で検討してきたように，先行研究の多くはイノベーションの普及現象について，同一の新しい商品，技術，サービス，プロセス（本章では，これらを「商品」と総称する）が市場（社会）に拡散する過程，あるいは，同一の既存の商品が新しい市場に拡散する過程であると考えている．ここで，「同一」というのは，各商品がその普及過程において，たとえ商品の諸機能やデザイン，消費者による商品の利用方法や利用場面，当該商品の主要な消費者層が変化したとしても，商品自体の同一性を確保できる限り，同一の商品，あるいは同一の商品カテゴリーに属する商品として扱うことを意味している．

　多くの場合，商品間の同一性は，商品の主要機能やそれを実現する技術，メーカーの想定する利用方法，商品デザインやサイズ，商品ブランドなどの同一性によって確保される．例えば，スマートフォンといえば，各社の商品にスマートフォンの主要機能（通話，メール，インターネットブラウジング，音楽再生とプレイリスト編集，タッチスクリーン　など）が存在すれば，消費者がどのような用途（カメラ，携帯型音楽プレーヤー，ゲーム機，ブックリーダー，PDA，バーコードリーダー，カーナビゲーションシステムなど）で当該商品を利用したとしても，その商品はスマートフォンとみなされる[1]．つまり，普及という概念の下では，普及期間中に商品に改良が加えられ，商品が物質的・意味的に変化したとしても，さらに異なるメーカーが供給する商品間にそれらの違いがあったとしても，何らかの形で同一性を担保できるのであれば，同一の商品が普及しているとみなす．

このような前提が存在するため，ほとんどの普及に関する先行研究は，個別の商品というよりも，商品カテゴリーに注目することが多い．商品カテゴリーレベルに注目することは，他の商品カテゴリーとの異質性を強調でき，かつ，商品カテゴリー内の商品に関しては，機能，用途，消費者層などが商品間で異なっていたとしても，最大公約数的な同質性を前提にできる．この前提の利点は，個々の商品ごとの機能，用途，消費者層，消費者の利用方法などを捨象することができるという点にある．これにより，特定の商品カテゴリーの創造による社会的インパクトを強調することが可能になる．

だが，第1章でも少し触れたように，現実にはイノベーションはさまざまな行為者(製造業者，流通業者，購入者，利用者など)が多様な目的の下で，イノベーションに多様な意味を与えることにより物質的・意味的改善をともないながら普及する．したがって，本章の3.2節では，それを傍証するさまざまな研究を概観する一方，3.3節では意味の多様性を分析する際に生じる困難を論じる．その上で，3.4節で，あるイノベーションの意味が多様でありながらも，特定の表現が用いられる傾向があることを明らかにするために，Strang and Meyer (1993)を確認する．3.5節では，以上の理解を基に，記号表現の分析手法としてのテキストマイニングの意義を考察する．3.6節では，本章の結論として，イノベーションの普及過程を分析する上で，行為者がイノベーションを意味づける際に用いる言葉(記号表現)を可視化するための方法として，テキストマイニングの有効性とその分析結果の解釈に関する問題を述べる．

3.2 普及過程における行為者による意味づけ

行為者による商品の意味づけに焦点をあてる研究には，次のようなものがある．まず，Kim and Mauborge (1991)，楠木・阿久津(2006)，楠木(2011)らは，消費者がもつ価値次元を新たな価値次元に転換させ

ることをイノベーションとしてとらえる．例えば，Kim and Mauborge (1991) は，キャラウェイ社のゴルフクラブを事例に，競合他社が「少しでも飛距離を延ばせるクラブ」を提供する競争を展開したのに対し，キャラウェイ社は「より簡単にボールが打てる」という価値を提示することによって，市場を獲得したことを，「バリューイノベーション」として説明した．

また，楠木・阿久津 (2006)，楠木 (2011) は，カシオのデジタルカメラ「EXILIM」や，ソニーの携帯型ステレオカセットプレーヤー「ウォークマン」，任天堂の家庭用ゲーム機「Wii」，Apple 社の「iPod」などを例に，「カテゴリーイノベーション」という概念を提示している．例えば，カシオの EXILIM は，それ以前の画素数が支配的だった顧客の価値次元から，画素数よりも薄さと軽さが重要となる日常的に持ち歩いて画像情報を記録するという新しい価値次元を開拓した (楠木 2011, p.56)．また，従来のカセットテープ再生機は「カセットに録音された音楽を再生する装置」であったが，ウォークマンは「自由な環境で音楽を楽しむ装置」という新しい価値次元を開拓した (p.57)．iPod は，従来，供給側にゆだねられていた楽曲の編集や選曲をユーザー側にゆだね，プレイリストを編集するという楽しみ方を提案した．このように社会に広く定着している既存の価値次元を新しい価値次元へと転換することを，彼らは「カテゴリーイノベーション」と名づけている (楠木・阿久津, 2006; 楠木, 2011)．しかし，これらの議論は，消費者が商品から知覚する本来多様であり得るはずの価値を，ある支配的な価値次元から別の新しい価値次元への移行としてとらえ，商品の価値自体は一義的なものととらえている．

これに対し，異なるニーズをもつ複数の顧客集団を前提とする議論の1つに「イノベーターのジレンマ」(Christensen, 1997) がある．そこでは，大規模企業が既存の主要顧客が要求する価値に応えようとした結果，その段階では小規模であるものの将来成長する可能性のある別の顧

3.2 普及過程における行為者による意味づけ

客集団が要求する価値を取りこぼし,破壊的技術によって生み出されるイノベーションの可能性を自ら摘み取ってしまうことが論じられている.この議論において,顧客が要求する価値という点から顧客集団をみた場合は,持続的技術によって改善を加えられる既存商品に価値を見出す顧客集団と,破壊的技術によって生み出される商品に価値を見出す顧客集団という2つの異なる価値を要求する顧客集団が存在する.そして,顧客集団の規模が前者から後者へと徐々に移り変わる過程で生じる供給者(メーカー)側のジレンマをイノベーターのジレンマとして論じている.

　さらに,消費者が商品から知覚する価値が多様であることを論じる研究として,技術の社会的構成アプローチ(Social Construction of Technology：SCOT)がある.Pinch and Bijker (1987)は,自転車の技術進歩の過程を分析する中で,技術の価値がエンジニアグループや複数の顧客グループといった「関連社会グループ(relevant social group)」の「解釈の柔軟性(interpretative flexibility)」によって多様に解釈され,技術軌道が多元的に進行することを論じている.そこでは,多様な集団が技術の価値の解釈をめぐり争い,その結果,技術が特定の価値と結びつき,技術の解釈が安定する(収束する)と論じられる.つまり,Christensen (1997)やPinch and Bijker (1987)は,技術の価値を社会に広く定着した一義的なものというよりも,支配的な社会グループに支持された支配的な価値ととらえている.

　しかし,価値次元の転換,イノベーターのジレンマ,そしてSCOTは,関連する社会集団(開発者,採用者,消費者など)の細分化の程度こそ異なれ,結局のところ,技術や商品が特定の価値を一義的にもつことを前提とし,その価値を支持する人々をグループとしてラベリングしている.そのため,個々の採用者や採用者グループが同じものについて多様に価値を見出したり,時間経過の中で新たに価値を見出すといった採用者や消費者が主観的に価値を見出す側面をとらえているわけではな

い．その結果，イノベーションの普及過程における，開発者，採用者，消費者のすべて（あるいは一部）に共有された価値と，それら個々人の特殊解としての価値の違いを明確に区別していない．

これに対し，Rogers（2003）の「再発明（re-invention）」や von Hippel（2005）の「ユーザーイノベーション」，そして Callon（1986）のアクター・ネットワーク理論（Actor-Network Theory：ANT）は個々の採用者や消費者，つまりアクターに焦点をあてる．まず，Rogers はイノベーションを「あるアイデアが個人にとって新しいものと映れば，それはイノベーションである」（p.12）と定義する．つまり，Rogers にとって，イノベーションとは，客観的に新しい知識やそれを具現化した新しい商品である必要はなく，知識，説得，あるいは採用の決定という観点から，採用者が主観的に新しいと知覚した対象を指す．したがって，新商品が普及する場合でも，イノベーションの普及であると言いきれない場合がある，あるいは，旧商品が普及する場合でも，イノベーションの普及であるといえる場合があるということを，Rogers（2003）の定義は示している．

Rogers（2003）の定義の利点は，彼が再発明と呼ぶ現象を分析対象に含めることを可能にする点にある．再発明とは，「イノベーションの採用そして導入期において，利用者によって変更あるいは修正される度合い」をさす．再発明という概念が明らかにすることは，「イノベーションは固定された実体ではないということである．イノベーションを利用する人たちは，新しいアイデアを使用することによって学習しながら，イノベーションに意味を与えることによって，イノベーションを形作っている」（Rogers, 2003, pp.187-188）．このようなイノベーションの普及過程における商品の意味づけの変化である再発明を，ユーザーイノベーションという概念の下で精緻化したのが，von Hippel（2005）である．

von Hippel は，イノベーションを定義しているわけではないが，次のようにとらえている．「例えば，家の所有者は電気を点けたり消した

りするために使う，部屋の電気照明スイッチの『切り替え属性』のユーザーである．一方，スイッチにはほかの属性もある．例えば『配線するのが楽かどうか』というのも1つの属性であって，これを使用するのはスイッチを設置する電気工であろう．したがって，電気工があるスイッチの『設置関連属性』について改良を行ったとしたら，それはユーザーイノベーションであると考えることができる」(von Hippel, 2005, 邦訳 pp.17-18)．von Hippel (2005)の議論は，商品やそれに用いられる技術がメーカーの手を離れても，イノベーションが生じることを指摘する．

　他方，ANTにおいては，商品の価値は「アクター(actor)」による「翻訳(translation)」という行為を通じて同定される(Callon, 1986)．アクターによる翻訳の過程では，アクターと他の諸アクターが関係づけられ，「アクター・ネットワーク(actor-network)」が形成される．例えば，行為者がパソコンにテレビチューナーを接続すれば，それはテレビとなり，音楽編集ソフトをインストールすれば，楽器となる．ワープロソフトをインストールし書類を作成すれば，その場はオフィスになる．これらの翻訳によって，パソコンはテレビから楽器，書類に変わり，また，それを利用するユーザーは，余暇を楽しむヒトから，音楽家に，そしてビジネスマンになる．このようにして，商品の価値はアクターと他の諸アクターが結びつくネットワークの中で，さまざまな価値に翻訳されていく．翻訳という視座において，技術や商品の価値は，技術や商品それ自体にのみ帰属するのではなく，技術や商品を利用するアクターと，アクターと物理的／意味的に接続される他のアクターが構成するネットワークの中で同定される．とりわけ，当事者が主観的に知覚する新規性は，従来から存在した何かに対してという意味で相対的な指標であり，「従来の何か」という準拠点を前提とするアクター・ネットワークの中でのみ言及可能となる．Schumpeter (1926)とRogers (1983)のイノベーションの定義にもとづくならば，このような準拠点も，当然，アクターの主観によって把握されなければならない．そのため，アクターが新規

性を主張する際の準拠点となる「従来のモノ」をどのように同定するかも,同時に重要になる.

これらの研究が示すことは,商品の意味づけは,行為者が行う実践において多様であり,それらは時間の経過の中で変化する可能性があり,これに加え,商品の新規性は行為者が行う実践における「従来の何か」との対比において,相対的に意味づけられるということである.

3.3 イノベーション普及における分析上の困難

このようにイノベーションにおける商品の意味づけが多様であるだけでなく,普及過程で変化するととらえた場合,普及分析の前提となる商品の同一性は与件として扱えない.それは,採用者や消費者が商品を採用(購入)・使用した結果の集積という意味では,マクロな社会現象である一方,採用推進者にとっては個々の行為者のミクロな採用実践によって達成されるべき課題としてとらえる必要がある.

この課題は,先述のRogers (2003)においても,早くから認識されていた.Rogers (2003, p.12)によれば,イノベーションの採用,拒否,使用中止,再発明は,観察者が客観的だと想定する技術的な合理性ではなく,採用者の主観的な判断にもとづいて行われる.そのため,イノベーションは,採用者にとっての商品の意義と,彼らの状況,問題,欲求についての知覚を,観察者が適切に理解できて初めて明らかになる(p.115).したがって,イノベーションの観察者はインタビューやアンケートなどを用いて利用者の状況,問題,欲求を調査することが重要となる.しかし,回答者はそれらの事柄を事後的に想起することによって回答するため,正確性に問題が生じる(pp.126-129).この問題を回避するための方法として,Rogers (pp.129-130)は,フィールドワークと採用時調査および採用プロセスにおける複数時点調査を提案している.

このような調査方法の問題点は,商品の諸機能やデザイン,消費者に

よる商品の利用方法や利用場面，当該商品の主要な消費者層を含んだ意味づけの普及を説明するために，大量の時間とコストが必要となる点である．他方で，その利点として考えられることは，再発明された商品，つまり既存商品の新しい価値を発見できる可能性がある点と，それにともない，再発明以前の商品と再発明後の商品を区別可能にする点である．つまり，何がどこまで普及したのかを相対的に正確に分析できる点である．しかし，この利点も相対的なものでしかない．

　この回答者の回答の正確さに関する問題は，ANT において「不可知論」として論じられている(Callon, 1986)．これは，商品の採用者や利用者が商品に付与する意味づけ(翻訳)は，彼らの具体的な実践(つまり，彼らと彼らを取り巻くモノや概念によって構成されるアクター・ネットワーク)の中で行われるため，同じ実践を共有していない観察者にとっては，その意味づけを知り得ない，つまり不可知であるということである．加えて，同じ採用者や利用者であっても，時間と空間を隔てれば，一旦なされた翻訳を基に，採用者や利用者自身が再翻訳する(以前とは異なるアイデンティティを獲得する)ため，同じ人であっても，特定の時点での商品の意味づけを同定することは，不可知になってしまう(松嶋, 2006, pp.124-125)．つまり，アクターが行う翻訳は，あらゆる別のアクターからの再翻訳の可能性に開かれており，翻訳という視座のもとではイノベーションはおろか，アクターとアクター・ネットワークでさえも，観察者だけでなく，採用者や利用者にとっても同定困難になる(McClellan, 1996；竹岡・太田, 2009)．したがって，採用者の採用実践や利用者の利用実践は，アンケートやインタビューによる回答実践の中で回答者自身によって新たに翻訳され，実際の採用実践や利用実践における商品の意味づけとは異なる意味づけが現れてしまう．

　以上の議論から，イノベーションを主観性に帰属させる場合，観察者は，イノベーション自体の同定困難性という問題を免れることはできず，その結果，イノベーションの普及を論じる前提としての商品の意味

づけが同定できないという問題に行きつくことになるといえる．

3.4　普及対象の同質性の認知

　このようなイノベーションと主観性への問題を解決するために，我々が注目する研究が新制度派組織論の枠組みの中でカテゴリーの普及を論じた Strang and Meyer (1993) である．Strang and Meyer (1993) は，行為者が十分な知識をもたないまま行う採用の意思決定プロセスに焦点をあてる．Strang and Meyer (1993) によると，一般に，あるアイデアが別の方法よりも有効で効率的である場合，そのアイデアが採用される．だが，アイデアの有効性と効率性が計算できず，また手段‐目的関係を上手く理解できない場合，他者の経験からの学習(つまり，模倣)が最適な戦略となる．そのため，普及過程では他者の経験を学習することを通じて，「行為者が実践の妥当性と価値の理解を共同で構築する固有の意味決定プロセス」(Strang and Meyer, p.489) ととらえることができる．

　Strang and Meyer (1993) によると，このプロセスにおいて，行為者は文化的カテゴリーと普及する対象物の同質性(similarity)を認知し，文化的カテゴリーを使用するとともに，文化的カテゴリーを構築する[2]．文化的カテゴリーが構築されるプロセスにおいて，模倣は何もないところから発生するわけではない．模倣は採用される対象(例えば，スマートフォン，デジタルカメラなど)と，先行する採用者や潜在的な採用者を必要とする．ある商品(例えば，フィーチャーフォン)が他の商品(例えば，スマートフォン)と同じ文化的カテゴリーに属するという行為者の商品に対する認知と，先行する採用者(スマートフォンの採用者)と潜在的な採用者(まだスマートフォンを採用していない人)が同じ文化的カテゴリーに属するという行為者に対する認知は，普及を加速させる社会構造的な条件となる．文化的カテゴリーが成立することは，文化的カテゴリーからの逸脱が可能となる一方で，普及のための地平を提供す

る．例えば，「公式組織」という文化的カテゴリーを使用することで，その逸脱形態を認識することが可能になる一方で，成功するマネジメントのレシピや公式の権限を根拠づけ，容認可能なインセンティブを決定することができる．

　Strang and Meyer (1993)は，文化的カテゴリーが構築されるプロセスを「理論化(theorization)」と名付けている．理論化とは「抽象的なカテゴリーを自覚的に展開し特定することであり，因果連鎖のようなパターン化された関係を公式化すること」(p.492)である．Strang and Meyer (1993)は，Mead (1934 = 訳1973)に依拠し，自己と一般化された他者の関係によって，理論化をとらえる．つまり，一方では，個々の行為者による採用行動は，個別で特殊なカテゴリーを創造する．他方で，個別で特殊なカテゴリーは，先行する採用者や潜在的な採用者との相互作用において，異なる実践の相互の類似性を示す一般化されたカテゴリー(つまり，文化的カテゴリー)として現れる．しかし，一般化されたカテゴリーも，採用者がそれを使用する実践の中で，採用者の意図や目的に沿う形に差異化され，カスタマイズされていく．

　Strang and Meyer (1993)は，これをCole (1985)によるQC活動の採用に関する分析で例示している．Coleの分析において，日本ではQC活動は生産性を拡大させるための戦略として採用された．他方，スウェーデンでは，職場の民主化(work flow democracy)の手段として労働組合によって支持され採用された．さらに，アメリカでは，政治的，組織的に孤立していた財団やコンサルタント，アカデミックアナリストによって支持されて採用された．つまり，異なる人々が，同一のカテゴリーを利用しても，異なる理論化が生じる一方で，QC活動という言葉が異なる意味をもつにもかかわらず，QC活動が普及したといえてしまうのである．

　Rogers (2003)とvon Hippel (2005)が指摘する「再発明」と「イノベーション」の違いは，局所的な実践において特定の個々人がある特定

の実践のなかで文化的カテゴリーを用いて行う個別具体的な理論化と，それが一般化可能な形で現れた理論化との差異であるととらえることができる．したがって，イノベーションの普及過程のなかでは，単に物質的な拡散だけではなく，イノベーションの意味づけを巡る実践の連鎖が生じており，イノベーションの普及とは共通の文化的カテゴリーを異なる行為者が参照することによって生じ，個々の行為者が自らの実践に適応するように，その文化的カテゴリーに意味を充当していく絶えざる理論化のプロセスであるといえる．そして，この文化的カテゴリーが，記号表現を通じてしか表現され得ないため，テキストを分析しなければならない理由になる．

3.5　記号表現の分析手法としてのテキストマイニング

　近年，テキストマイニングは，大量のテキストデータから効率的に内容を解釈するための潜在的内容分析のツールとして注目されている（例えば，Mohr and Duquenne, 1997；上野，2008；那須川，2006；Humphreys, 2010；松井，2013）．Berelson (1952)によれば，内容分析は顕在的内容分析と潜在的内容分析の2つに分けることができる．顕在的内容分析とは，あるテキスト内の特定の言葉の出現頻度や，他の言葉との出現頻度の比較などを行う分析である．とりわけ，顕在的内容分析では，「信頼性」と「外的妥当性」が重視される(Berelson, 1952；Krippendorff, 1980 など)．そのため，直接，言葉の意味を分析せず，言葉の度数や相関を統計的に分析する．このことから，「数量的内容分析」とも呼ばれる(喜田，2008)．このような意味での内容分析ツールとしてのテキストマイニングとは，「分析者が知りたい内容に関する表現を含むデータを分析対象とし，そのデータに関連づけられたさまざまな情報(各データ中に含まれる表現や，データの日付，年齢，性別，居住地域といった作成者の属性など)の傾向や特徴，相関を通じて，分析者

にとって何らかの役に立つ知見を抽出する」(那須川，2006，p.9)分析手法であるといえる．

　他方で，潜在的内容分析では，「引用」や「文章例」を抜き出し，テキストの意味から作者の理解や意図を抽出することによって，研究者の研究課題に対処しようとする方法である．したがって，顕在的内容分析では分析しない意味や意図の分析を補完するために，テキストマイニングを用いた潜在的内容分析が用いられる(喜田，2008)．言い換えれば，客観性を重視する研究の場合，潜在的内容分析だけでは信頼性と妥当性を十分に担保できないため，顕在的内容分析などによる分析結果の解釈を行うために補完的に潜在的内容分析が用いられることがあるということである．

　潜在的内容分析が客観性を重視する研究において，補完的な方法としてしか位置づけられないという問題を抱える一方で，テキストマイニングのみを用いて客観的分析ができるのであれば，大量のテキストデータを用いテキストの作者の理解や意図が効率的に分析できるため，近年このような分析への注目が高まっている．このような視点から，テキストマイニングを使用する研究が，Mohr and Duquenne (1997)，Humphreys (2010)，松井(2013)である．これらの研究は，特定の対象についての社会的な理解，つまり，「社会的に共有された認知」を明らかにする方法として，テキストマイニングを用いる．これらの研究は，複数の分析手法を組み合わせて，信頼性と妥当性を担保するのではなく，分析対象となるテキストデータを多様なメディアから収集することによって対処できると主張する(松井，2013)．つまり，複数の作者の多様な理解や意図は，集計することによって両極端なものが相殺され，偏りが中和される．したがって，このようにして収集されたテキストからは，社会的に共有された認知を抽出することが可能になるという論理である．

　しかし，この論理が成立するためには，次のような前提が必要になる

第3章 「イノベーションが普及する」とは,どういうことなのか

と推論できる.第一に,社会的に共有された認知が客観的に存在しなければならない.第二に,複数の作者の多様な意図や理解が相殺される前提には,個々の作者の意図や理解が客観的に同定できなければならない.そのためには,第三に,複数のテキスト内で明示された言葉が,複数の作者の意図や理解を忠実に反映していなければならず,同じ言葉を異なる意味で用いるようなことがあってはならない.

この仮定を検討するために,本章では記号学とエスノメソドロジーを検討する.記号学において,de Saussure（1949 = 訳1972）は,記号表現（意味するもの）と記号内容（意味されるもの）に必然的な結びつきはないことを指摘している.これは,記号表現と記号内容の連結を,記号外在的な要素から説明することが必要であることを示す.また,de Saussureの記号学を発展させたBarthes（1957 = 訳1967, pp.148）は,記号がもつ「意味作用」として,記号と意味の連結構造を図3.1のように示している.

そこでは,まず,行為者が行為することによって記号表現（図3.1内「意味するもの」）と記号内容（図3.1内「意味されるもの」）が結合される.次に,この結合物,つまり記号（図3.1内「意味表象」）は記号表現として,新たに別の記号内容と結合する.さらに,この二次的結合物が新たな記号表現となり,新たに別の記号内容と結合し…というように,記号に意味が上書きされつづける.したがって,記号表現は,行為者に

1. 意味するもの	2. 意味されるもの	
3. 意味表象 Ⅰ. 意味するもの		Ⅱ. 意味されるもの
Ⅲ. 意味表象		

（出典）Barthes（1957 = 訳1967, p.148）

図3.1　記号表現と記号内容の関係

よって記号内容が充当されていく意味の担体(乗り物)でしかない．このことは，記号，つまり意味表象が，行為者から独立した実体として客観的に存在するわけではなく，読み手(観察者や研究者)によって，記号表現と記号内容が特定の方法で結び付けられることを意味する．そのため，記号表現の意味は，作者／読者が自らの実践の中で記号内容を充当し，暫定的に決定されるものである．このように，記号学では，意味の決定は先送りされ続ける．

エスノメソドロジーは，行為者間の共通理解は相互行為の中の＜いま，ここ＞で生じるため，当事者たちの行為から離れて観察者が外在的にその内容を決定することは困難であると指摘している．エスノメソドロジーは，相互行為おいて行為者間で共有される理解に注目するのではなく，特定の相互行為におけるさまざまな資源(記号表現や行為)に注目する．その上で，さまざまな資源がどのように用いられ，どのような働きをした結果，相互行為が各行為者にとって妥当なものとして達成されるのかを明らかにしようとする．

Garfinkel (1964)の議論は，行為者間の共通理解が，何らかの話題について，人々が厳密に内容を確定した合意を共有しているから形成されるわけではなく，日常生活についての背後期待に沿って行為するからこそ，共通理解が可能となるというものである．ここで注意しなければならないことは，共通理解とは，ある事象に対する理解を行為者間で共有している状態を指すのではなく，各行為者が理解を共有しているかのように振る舞う状態を指している点である．その上で，各行為者が理解を共有しているかのように見えるのは，各行為者の背後期待に沿った行為を他者が行うからであると説明する．簡単にいえば，他者が自分の思いどおりに行為した時，たとえ他者が違う考えにもとづいていて行為していたとしても，自分は他者と理解を共有できたと解釈してしまうということである．

行為者間の共通理解の条件となる背後期待も，誰もが共有する客観的

な(文化的・認知的)構造として存在するわけではない．行為者たちは，自身の背後期待に自ら進んで従うことにより，自己成就的な予言(self-fulfilling prophecy)のように行為遂行的に，期待に沿った実社会の諸特徴を生み出していく．個々の行為者の背後期待は，前もって合意が存在していると行為者が仮定することから生み出される．このような(他の行為者と理解を共有していると自身が仮定している)合意は，自分たちの現実の活動がどのような結果になろうとも，背後期待を正常なものとして，言い換えると，意義のあるものとして維持するために条項を加え，また修正しながら使用され続ける．つまり，複数の行為者が共通して用いる記号表現の意味は，個々の行為者の背後期待に沿わない可能性がある場合，個々の行為者は追加的な記号表現を用いることで，各々の背後期待が維持され，共有された理解であるかのように現れる．

したがって，複数のテキストデータを1つのテキストとみなし，データを集計レベルで扱うことは，特定の実践における行為者による意味づけを相殺することによって実践から切り離したデータとして用いるだけでなく，観察者の背後期待に沿って新たな意味づけが上書きされることを意味する．加えて，個々の行為者が自らの背後期待を維持しようとして用いる追加的な記号表現が相対的に少数であればあるほど，集計レベルのテキストデータにおいては，少数の異質なデータ(例えば，少数者の意見や理解)が，分析において捨象されてしまう可能性が高く，個々の行為者が直面する個別の実践を軽視することになる．

3.6 テキストマイニングの利用可能性

前述の整理からテキストマイニングは，テキストの意味内容を明示する潜在的内容分析の方法というよりも，単にテキストそのものをとらえる顕在的内容分析の方法ととらえるほうが，妥当である．つまり，テキストマイニングの分析結果である記号表現の頻出度，各記号表現間の共

起率，共起ネットワークなどは，文字どおりの意味でしかない．

　しかし，このことがテキストマイニングの利用可能性を否定するわけではない．というのも，テキストマイニングを用いた分析によって，記号表現間の参照関係の構造を明らかにすることができるからである．記号表現に充当される記号内容の結びつきに必然性はないが，恣意的に連結しているわけではない(de Saussure, 1949 ＝邦訳 1972)．前述したように，特定の記号表現に充当される記号内容は，他の記号との関係によって，補足・修正され，相対的に規定される(Garfinkel, 1964 ; de Saussure, 1949 ＝訳 1972)．ここで注意が必要な点は，ソシュールが述べる記号の体系としてのラングによって記号内容が規定されるのではなく，記号内容は個々のテキストの作者が用いる記号間の関係によって規定されることを意味しているということである(Kristeva, 1969 ＝訳 1983 ; du Gay, 1997 ＝訳 2000)．

　こうした記号表現間の関係は，特定の記号表現を参照する別の記号表現の頻度と，参照する記号表現間の関係の構造という2つの視点で見ることができる．前者は共起率，後者は共起ネットワークで表される．

　ある記号表現が別の記号との関係によって規定されるということは，記号表現における記号内容が，別の記号との関係に開かれていることを意味する．そのため，記号表現間の共起率は，他の記号表現で語ることが可能であるはずの記号内容が，特定の記号表現を用いてしか表現されないという意味をもつ．したがって，ある記号表現と別の記号表現とのまとまりの程度を示しており，記号表現間の関係にテキストの作者が何らかの意味を込めていると想定することができる．

　また，共起ネットワークで示される記号表現間の参照構造は，記号表現間の構造を示していると考えることができる．共起ネットワークは，テキスト全体における記号表現の共起率をネットワークの形で示した図である．そこでは，特定のテキスト内での共起率の高い記号表現のクラスターが描かれ，クラスターとクラスターの関係を示すと同時に，クラ

スターとクラスターの関係の結節点となる記号表現も明らかにする[3]．したがって，先述の文化的カテゴリーを構成する記号表現を示すだけではなく，その構成要素と位置づけることのできる記号表現を明らかにする．

以上のことから，普及分析において，テキストマイニングを用いることは，経時的に蓄積されるテキスト群から，使用されている記号表現と，記号表現間の関係の構造を明らかにすることにより，特定の記号表現の集合である文化的カテゴリーの構成要素と，構成要素間の関係の構造の持続性と変化を明らかにすることであるといえる．

第3章の注釈

1) 逆に，製品の異質性に着目した場合，同一ブランドの同一製品であっても，製造時期や製造工場などによって，製品の性能やボタンの位置などにわずかな個体差がある場合がある．通常，これらの同一製品の個体差はカタログ上の自社の要求性能に達しているため，特殊な利用をする場合以外は問題にならない個体差である．そのような例として，CPUやスマートフォンケースなどがある．製品の同質性や異質性の認知は，後に本章で説明するように，個々の行為者の実践の中で，どの程度の差異を同質あるいは異質とするのかによって決定される．
2) Strang and Meyer（1993）は文化的カテゴリーを明確に定義していないが，本章では，同じ文化を共有していると仮定する人々に通用する類型化に用いられる概念であると考える．例えば，本章の後半で例示する「QC活動」なども，いつでもどこでも誰にでも同じ意味をもつ単なるカテゴリーではなく，特定の文化的背景にもとづき，共通する文化的背景の下では同質的に意味づけられる一方，異なる文化的背景の下では異なる意味付けが与えられ使用される文化的カテゴリーの一例である．
3) このクラスター間の関係を分析する手法は，共起ネットワーク分析の他にクラスター分析がある．これについては，第5章，第6章で詳述する．

第3章の参考文献

[1] 上野栄一（2008）「内容分析とは何か - 内容分析の歴史と方法について -」，『福井大学医学部研究雑誌』，Vol. 9，No.1-2 合併号：pp.1-18.
[2] 喜田正樹（2008）『テキストマイニング入門 経営研究での活用法』，白桃書房.

第3章の参考文献

- [3] 那須川哲哉(2006)『テキストマイニングを使う技術/作る技術 基礎技術と適用事例から導く本質と活用法』, 東京電機大学出版局.
- [4] 松井剛(2013)「言語とマーケティング:「癒し」ブームにおける意味創造プロセス」, 『組織科学』, Vol.46, No.3, pp.87-99.
- [5] 楠木建, 阿久津聡(2006)「カテゴリー・イノベーション:脱コモディティ化の論理」, 『組織科学』, Vol.39, No.3, pp.4-18.
- [6] 楠木建(2011)「イノベーションとマーケティング〜価値次元の可視性と価値創造の論理〜」『マーケティングジャーナル』, Vol.30, No.1, pp.4-18.
- [7] 松嶋登(2006)「企業家による翻訳戦略:アクター・ネットワーク理論における翻訳概念の拡張」, 上野直樹, 土橋臣吾編:『科学技術実践のフィールドワーク:ハイブリッドのデザイン』, せりか書房, pp. 110-127.
- [8] 竹岡志朗, 太田雅晴(2009)「イノベーション研究におけるアクター・ネットワーク理論の適用可能性」『日本情報経営学会誌』, Vol.30, No. 1, pp.52-63.
- [9] Barthes, R. (1957). *Mythology, Paris*:Editions du Seui. (邦訳)ロラン・バルト著, 篠沢秀夫 訳(1967)『神話作用』, 現代思潮新社.
- [10] Berelson, B. (1952). *Content Analysis of Communications Research*, New York, NY:Free Press.
- [11] Callon, Michel. (1986). "Some elements of a sociology of translation:domestication of the scallops and the fishermen of St Brieuc Bay," in J. Law, *Power, action and belief:a new sociology of knowledge?*, London, Routledge, pp.196-223.
- [12] Christensen, C. M. (1997). *The Innovator's Dilemma:The revolutionary national bestseller that changed the way we do business*, Boston, MA:Harvard Business School Press. (邦訳) クレイトン・クリステンセン著, 玉田俊平太 訳(2001)『イノベーションのジレンマ 増補改訂版』, 翔泳社.
- [13] Cole, R.W. (1985). "The macropolitics of organizational change:A comparative analysis of the spread of small-group activities," *Administrative Science Quarterly*, Vol.30, pp.560-585.
- [14] de Saussure, F. (1949). *Cours de Linguistique, Generale*, Paris, Payot:publié par Charles Bally and Albert Sechehaye. (邦訳)フェルディナン・ド・ソシュール著, 小林英夫訳(1972)『一般言語学講義』, 岩波書店.
- [15] du Gay, P. (1997). *Doing Cultural Studies (1st ed.)*, Thousand Oaks, CA:Sage. (邦訳) ポール・ドゥ・ゲイほか著, 暮沢剛巳 訳(2000)『実践 カルチュラル・スタディーズ』, 大修館書店.
- [16] Garfinkel, H. (1964). "Studies of the routine grounds of everyday activities," *Social Problems*, Vol.11, No.3, pp.225-250. (邦訳) ハロルド・ガーフィンケル著, 北沢裕, 西坂仰訳(1995)「日常活動の基盤 - 当たり前を見る」, ハロルド・

ガーフィンケルほか著:『日常性の解剖学』, マルジュ社, pp.31-92.
[17] Humphreys, A. (2010). "Megamarketing: The Creation of Markets as a Social Process," *Journal of Marketing*, Vol.74, No.2, pp.1-19.
[18] Krippendorff, K. (1980). *Content Analysis: An Introduction to Its Methodology*, Beverly Hills, CA: Sage. (邦訳)クラウス・クリッペンドルフ著, 三上俊治, 椎野信雄, 橋元良明 訳(1989)『メッセージ分析の技法-「内容分析」への招待』, 勁草書房.
[19] Kristeva, J. (1969).$\Sigma\eta\mu\varepsilon\iota\omega\tau\iota\kappa\eta$-*Recherches pour unesémanalyse*, Paris: Éditions du Seuil. (邦訳)ジュリア・クリステヴァ著, 原田邦夫訳(1983)『セメイオチケ〈1〉記号の解体学』, せりか書房.
[20] Mohr, J. W. and Duquenne, V. (1997). "The durability of culture and Practice: Poverty Relief in New York City 1888-1917," *Theory and Society*, Vol.26, No.2-3, pp.305-356.
[21] Pinch, T. and Bijker, E.W. (1987). "The social construction of facts and artifacts: Or how the sociology of science and the sociology of technology might benefit each other," in Bijker, E.W., Hughes, P.T. and Pinch, T. (eds.), *The social construction of technological systems: New directions in the sociology and history of technology*, Cambridge, MA: MIT Press, pp.17-50.
[22] Rogers, E. (2003). *The diffusion of innovations (5th ed.)*, New York, NY: Free Press. (邦訳)エベレット・ロジャーズ著, 三藤利雄 訳(2007)『イノベーションの普及』, 翔泳社.
[23] von Hippel, E. (2005). *Democratizing Innovation*, Cambridge, MA: MIT Press. (邦訳)エリック・フォン・ヒッペル著, サイコム・インターナショナル訳(2005)『民主化するイノベーション時代』, ファーストプレス.
[24] Kim, W. C. and Mauborgne, R. (2005)*Blue Ocean Strategy*, Boston, MA: Harvard Business School Press. (邦訳)チャン・キム, レネ・モボルニュ著, 有賀裕子訳(2005)『ブルーオーシャン戦略』, ランダムハウス講談社.
[25] McClellan, C. (1996). "The economic consequences of Bruno Latour," *Social Epistemology*, Vol.10, No.2, pp.193-208.
[26] Strang, D. and Meyer, J. (1993). "Institutional conditions for diffusion," *Theory and Society*, Vol.22, No.4, pp.487-511.
[27] Mead, G. H. (1934). *Mind, Self, and Society*, The University of Chicago Press. (邦訳)G・H・ミード著, 稲葉三千男, 滝沢正樹, 中野収 訳(1973)『精神, 自我, 社会』, 青木書店.

第4章
イノベーション普及過程の分析データとしてのインターネット上のクチコミ

4.1 クチコミと呼ばれる現象の変化

　本章では，インターネット上の評価サイトに蓄積されているユーザーによるコメントなどの情報を，イノベーション普及過程の分析データとして扱うという本書のアプローチの意義について考察していく．インターネットは，人々の生活の中に普及してきた情報技術の1つである．人々はインターネットを利用して，情報の発信や，検索，他者とのコミュニケーション，商品の購買など，さまざまな活動をしている．その1つとして，本書はインターネット上の評価サイトにおける人々のクチコミに注目する．

　インターネット上の評価サイトとは，商品やサービスに対するユーザーの意見や感想などを集積する機能をもつサイトのことである．具体的には「Amazon.co.jp」や「@cosme」，「価格.com」といったサイトに，こうした機能が存在している．昨今，こうした評価サイトに蓄積されている意見や感想などの情報は，クチコミ（Word-of-Mouth）として一般的に扱われている．

　クチコミは，消費者の態度や行動の形成において重要な役割を果たすとして，古くから研究されている（Strutton et al., 2011）．初期の代表的なクチコミ研究者の一人である Johan Arndt は，「非商業的と認識される話し手と，受け手との間で交わされる，ブランドや製品，サービスに関する，口頭（oral）による，対人（person-to-person）コミュニケーション」と定義している（Arndt, 1967b, p.3）．この定義に対し，クチコミには話し手の喜びや落胆の表現などがあり，必ずしも口頭によるメッセージには限定されないことを指摘する論者もいる（安藤, 2004）．日本では，

テレビやラジオ，新聞，雑誌などにおける商品やサービスの広告のように，マスメディアを通じた商品やサービスの情報のコミュニケーション（いわゆるマスコミ）に対応する造語として昭和 30 年代後半頃から用いられ始めた（飯島，1995）．

　従来，クチコミは，家族や友人，知人など，社会的な関係に規定された相手との間でのコミュニケーションであり，パーソナルコミュニケーションの中で生じるものとして研究されてきた（澁谷，2013）．現在では，電話や手紙，電子メールといったメディアを介したコミュニケーションも，パーソナルコミュニケーションに含まれる（大石，2011）．クチコミによって流通する商品やサービスの評判などの情報は，社会的な関係にある人によってもたらされるため，広告などに比べて，消費者の購買行動に大きな影響を与えると指摘されてきた．

　やがて，インターネットが人々の生活の中に普及し始める 1990 年代以降は，インターネット上のクチコミに対する研究が増加していく（杉谷，2009）．これらの研究では，インターネット上のクチコミの特徴として，従来のクチコミとは異なり，人々が見知らぬ人との間でも商品やサービスの評判などの情報をやり取りするようにもなった点を考慮している．濱岡・里村（2009）は，こうしたインターネット上で見知らぬ誰かとの間で行われるクチコミを，従来のクチコミとは区別し，e クチコミとして扱っている．

　このように，インターネットの普及と発展によって，クチコミに関してこれまで前提とされてきた状況が変わりつつある．本章では，クチコミをめぐるこうした状況の変化を踏まえつつ蓄積されてきたクチコミに関する研究を，メディアとしてのインターネットの特徴を踏まえて考察する．そして，この考察から，本書のクチコミ研究方法の位置づけを明確にしていく．

4.2 メディアの発展とクチコミ

4.2.1 マスコミュニケーションの効果

Williams (1976) によると, メディアという概念は, 登場当初, 今日連想される, テレビやラジオ, 雑誌, 新聞, 電話など, コミュニケーション媒体の意味に限定されていなかった. medium (media の単数形) という言葉は, ラテン語の medium (中間) を元に 16 世紀末に登場し, 遅くとも 17 世紀初頭には「あいだに入る, ないしは媒介する作用や実体」という意味になったとされる. 18 世紀には, 「精確, 入念なる貴紙という媒体を介して」という表現に見られるように, 新聞に関連した慣用的な用法が出現する. そして 19 世紀には, 「貴紙が, そのような企画には最適な媒体の 1 つであると考えて」のような表現も登場し, 20 世紀初頭には, 新聞を広告の medium (媒体) とする言い方が一般的になったとされる.

19 世紀半ば頃になると, media という語が medium の複数形として使用されるようになった (Williams, 1976). そして, メディアがコミュニケーション媒体のことを意味するという認識が強くなる一方で, 人々のコミュニケーションに対してメディアがもつ心理的, 社会的, 文化的な影響力を, 哲学や社会学, 心理学, 社会心理学, 政治学などの知見や理論枠組みを援用しながら解明していく研究が登場するようになった (阿部, 1998). その 1 つが, メッセージ伝達による受け手の反応を効果として分析し, メディアの社会的機能を見ていくマスコミュニケーション研究である. マスコミュニケーションは, テレビ局やラジオ局, 新聞社, 雑誌社などのマスメディア組織によって担われる, 不特定多数の大衆を対象とした情報発信である (大石, 2011). テレビ CM や新聞広告について想像すればわかるように, 企業にとってマスメディアは, 商品やサービス, 企業に関する情報などを消費者に向けて発信するための手段である. マスコミュニケーション研究は, 後述するように, クチコミ

に対する研究が進められていくきっかけにもなっていく．

マスコミュニケーション研究の1つに，マスメディアが視聴者や人々の信念や態度，行動に対して，どのような影響を与えるのかに関するものがある．McQuail (1983) によると，こうしたテーマに関する初期の研究では，マスメディアの影響力は非常に強く，それらをコントロールできる地位にある人々が一般大衆の意見や信念，生活習慣を変えることができると考えられていた．しかし，1940年代以降，その影響力は限定的であるとの見方が登場し始める[1]．

例えば，Lazarsfeld et al. (1948) は，1940年のアメリカ大統領選挙における有権者たちの態度の決定について調査した結果，それらに対するマスメディアの影響力が小さいこと，代わりに個人間のやり取りが重要な役割を果たしていることを明らかにしている．さらに，個人間のやり取りの中では，ラジオや新聞からの情報を断片的に選び出し，人々に解釈の方式を伝える人々「オピニオンリーダー」が存在することを指摘している．これらを整理すると，マスメディアから発信される情報は，オピニオンリーダーを介して人々の行動に影響を与えているということになり[2]，マスメディアの影響力は，オピニオンリーダーとその他の人々との間のやり取りに左右されるという意味において限定的であるという見方になる．実際，Katz and Lazarsfeld (1955) によると，人々の食品や日用品の購買の意思決定において，個人間の情報のやり取りの影響力は，新聞や雑誌の広告の約7倍，ラジオの広告の約2倍となったと報告されている．やがて，こうした個人間の情報のやり取りは，消費者の態度や行動の形成においても注目され，クチコミとして研究されていく．

4.2.2　クチコミの諸相

クチコミについては，前述した他にもさまざまな定義が提示されてきているが，Goyette et al. (2010) が整理しているように，その多くにおいて，個人間の情報の交換あるいはコミュニケーションという要素が含

まれている．これを踏まえて，これまで蓄積されてきたクチコミに関する研究を概観すると，第一に，クチコミにおいて情報の送り手となる人に関する特徴や動機などに関する研究の存在を指摘できる．例えば，先述のオピニオンリーダーは，クチコミにおける送り手に関する概念であり，Katz and Lazarsfeld (1955)によると，購買行動やファッション，映画など，領域が異なれば，オピニオンリーダーも異なる．また，このオピニオンリーダーの特徴とは異なり，複数の製品カテゴリーや小売店などについて熟知し，話を自ら主導すると同時に，人から情報源として認識されている消費者として「マーケットメイブン（市場の達人）」という概念を提唱したFeick and Price (1987)も，クチコミにおける送り手に関する研究に位置づけることができる．

　また，クチコミにおける情報の内容に注目し，その影響力について考察する研究もある．クチコミで流れる情報は，商品やサービスについてのポジティブな内容とネガティブな内容の場合が想定できる．Arndt (1967a)によると，クチコミによって流れるネガティブな情報は，ポジティブな情報よりも影響力がある．また，Wilson and Peterson (1989)は，製品に関するポジティブあるいはネガティブ情報が受け手によって受け入れられる状況について考察し，受け手があらかじめ好意をもっていた製品では悪いクチコミを見聞きしたとしても購買意図が低下しづらいというように，受け手の感情的傾向が，製品のポジティブあるいはネガティブな情報を受け入れるかどうかと関係することを指摘している[3]．

4.2.3　メディアの発展

　前述したように，クチコミは，家族や友人，知人など，社会的な関係に規定された相手との間でのコミュニケーションであり，パーソナルコミュニケーションの中で生じるものとして研究されてきた．パーソナルコミュニケーションは，主に個人間で行われるものであり，情報の発信

第4章　イノベーション普及過程の分析データとしてのインターネット上のクチコミ

者と受信者の区別は存在しない，あるいは存在したとしても役割交換が生じる可能性が高い（大石，2011）．クチコミが発生している状況として一般的に想定されることが多いのは，対面的な状況である．そのため，クチコミによる情報の受発信を行う両者がともに「今－ここ」に存在している状況を想定することが一般的に多い．しかし，個人間のコミュニケーションにおいて用いられるメディアの発展によって，クチコミによる情報の受発信を行う両者がともに「今－ここ」に存在する必要性はなくなりつつある．

　Innis (1951) は，マスコミュニケーション研究のようにメディアを通じたメッセージ伝達の効果からメディアの社会的機能を考察するのではなく，メディアそれ自体の性質に注目し，新たなメディアが登場することによる，社会の変化などを議論している．Innis (1951) によると，メディアは時間および空間にわたる知識の伝播に重大な影響力をもっており，それが文明の興隆と衰退にも関係してきた．また，メディアには，空間よりも時間を超えた伝播に適する「時間偏向メディア」と，時間よりも空間を超えた伝播に適する「空間偏向メディア」がある．例えば，文字を刻んだ石碑などは，長期間の保存が可能だが移動は困難な時間偏向メディアである．写真や蓄音機など，記録保存ができ，後世に痕跡を残すことができるメディアも，近現代における時間偏向メディアといえる．また，Henning (2006) は，自然や民俗世界の保存に従事している点を重視し，博物館も時間偏向メディアに含めている．

　一方，紙は書き込まれた情報を残すということにも用いられるが，軽量でもち運びが容易であるという性質から，遠方へと情報を伝播する際に活躍する．そのため，空間偏向メディアとみなすことができる．McLuhan (1964) は，近現代の社会の空間偏向メディアについて考察し，電話やラジオ，テレビなどの電気メディアの登場により，空間的な距離が無化され，電気テクノロジーに媒介された同時的，相互依存的な場がいたるところに出現し，人が地球の表側と裏側で離れていても，同

一の場にいるような感覚を共有するようになったと主張している.

　これらの議論の指摘のとおり，現代社会のクチコミはさまざまなメディアを用いることによって，情報の受発信を行う両者がともに「今－ここ」に存在しなくても生じるものとなっている．例えば，クチコミにおいて電話などのメディアが用いられることもある(Rosen, 2000)．電話というメディアを用いることによって，情報の受発信をする両者が同時に存在する必要はあるが，空間的あるいは地理的に離れた個人間での情報のやり取りは可能となる．また，インターネット上で利用されているメールやインスタントメッセンジャーもクチコミで用いられるメディアの1つである(Sotiriadis and van Zyl, 2013)．これらのメディアを用いると，情報の受発信をする両者がともに「今－ここ」に存在する必要はなくなる．これらのメディアは，空間的あるいは地理的に離れた個人間での情報のやり取りを可能にすると同時に，一方が情報を発信した時間と，他方が情報を受け取る時間の間に隔たりがある場合も，情報のやり取りを成立させることができるからである．

　このように，メディアの発展はクチコミという行為のあり方にも影響を与えてきた．さらに，冒頭でも述べたように，近年，インターネットの普及と発展を背景に，従来とは異なる様相でクチコミという言葉が用いられるようになりつつある．従来のクチコミと区別するため，それらにeクチコミやeWOM (electronic Word-of-Mouth)という表現を用いる研究も登場してきている．これらのクチコミが従来のクチコミと異なる点を一言で表現すると，情報のやりとりが「知り合いからのギフト」ではなく「見知らぬ誰かの置き土産」となっているということができる．以下では，インターネット上でのクチコミの特徴について整理していく．

4.2.4　インターネット上でのクチコミ

　Buttle (1998)は，インターネット上での情報の受発信もクチコミで

第4章　イノベーション普及過程の分析データとしてのインターネット上のクチコミ

あると指摘しているが，インターネット上のクチコミに関する研究では，インターネットを介したクチコミが，従来のクチコミとはさまざまな点で異なることにも注目している．例えば，クチコミをしている際の相手である．ブログやSNS (Social Networking Service)，商品やサービスに関するコメントが投稿できるサイトなど，人々はインターネット上で，さまざまな商品やサービスの利用経験に関する情報を入手できる．これは，従来のクチコミのように，ある商品やサービスの利用経験者が自分の社会的な関係の中に存在していなければ，情報を入手できなかった状況とは異なることを意味している．インターネット上のクチコミは，従来のクチコミのように，家族や友人，知人などではなく，インターネット上で情報を発信している「見知らぬ誰か」が相手となるという特徴をもっているのである．そのため，冒頭でも述べたように，従来のクチコミとは異なるものとして，eクチコミやeWOMと表現されていることもある．

　Hennig-Thurau et al. (2004)はeWOMを，「製品や企業について，インターネットを通じて大勢の人々や機関が利用できる，潜在的な顧客や以前の顧客，そして実際の顧客が生み出すポジティブあるいはネガティブな意見」(p.39)と定義している．また，Litvin et al. (2008)は，「インターネットを使った技術を通じて消費者に向けられる，商品やサービスの利用法や特徴，あるいは販売者に関係するインフォーマルなコミュニケーション」(p.461)と定義している．これらの定義においては，従来のクチコミ研究において前提とされてきた，家族や友人，知人など，社会的な関係に規定された相手との間でのコミュニケーションに限定するという発想は含まれていない．そのため，メールやインスタントメッセンジャーだけでなく，ブログやSNS，Twitterなどにおいてもクチコミは発生するととらえることができる．

　人々がBBS (Bulletin Board System: 電子掲示板)や評価サイトに情報を書き込む動機について，Hennig-Thurau et al. (2004)は，消費者の

社会的な相互作用への願望や，経済的インセンティブへの願望，他の消費者への配慮，自己の価値を高める可能性などの要因を示している．また，安藤(2012)は，対面と掲示板，SNSのそれぞれにクチコミをする動機を調査し，対面やSNSでのクチコミは，掲示板の場合と比較すると，楽しい会話を目的とする傾向が強いこと，掲示板でのクチコミは，他の場合と比較すると，楽しい会話を目的とせず，伝達を目的とする傾向が強いと指摘している．

　他方で，インターネット上の情報を入手する側について，澁谷(2013)は，現代の消費者が，インターネット上で他者の意見を参照する場合に，その意見を発している他者と自分との間に社会的関係が存在することは稀であり，両者をつないでいるのは関心の類似性であると述べている．澁谷(2013)によると，インターネット上のクチコミと呼ばれる現象は，人々の中でおこる経験の伝播である一方で，自己がインターネット上で意見を述べている他者と自分を一方的に比較し，何らかの類似性を判断，認知し，帰納的推論を行ってその意見を自己の将来へとキャリーオーバーする過程である．そのため，評価サイトの商品レビューを参考にするために閲覧するなどの行為は，正確にはコミュニケーションではないということになる．

　また，インターネット上で人々がこのように入手していく「見知らぬ誰かの置き土産」としての情報のことを，現代社会ではクチコミとして扱っている．これは友人や知人との間で情報をやりとりするという意味でのクチコミとは異なる．小川他(2003)は，評価サイトにおける評価のほうが，友人や知人からのクチコミよりも，商品認知や商品理解，購買決定において高い影響力をもっていると述べている．また，佐々木(2005)は，評価サイトのユーザーにとって，評価サイトは商品を認知する情報源としても，購買の決め手となる情報を提供する情報源としても，雑誌や友人，知人のクチコミよりも有効度が上昇していることを指摘している．これらの研究の指摘を考慮すると，企業やマーケターがイン

ターネット上でのクチコミ内容に注目する必要性は高いといえる.

4.3 コミュニケーションとしてのクチコミと情報としてのクチコミ

4.3.1 企業および消費者が行うコミュニケーション

表4.1は,ここまでの内容を踏まえて,企業と消費者が行うコミュニケーションについて,それぞれのコミュニケーションの当事者やコミュニケーションにおける役割交換の可能性,当事者間での相手の把握の程度,情報が広がる規模,用いられるメディアを整理している.前述したように,企業にとってマスメディアは,商品やサービス,企業に関する情報などを消費者に向けて発信するための手段である.ただし,マスコミュニケーションにおいて実際に情報を発信しているのは,マスメディア組織である.また,マスコミュニケーションは,情報の受け手となる個人を特定せずに,情報を発信するという特徴をもつ.そして,情報の発信者としてのメディア組織と,受信者としての一般の人々という構図は,入れ替わることがない.

これに対してクチコミは,消費者を当事者としたパーソナルコミュニケーションの中で生じるものである.また,家族や友人,知人など,社会的な関係に規定された相手との間でのコミュニケーションという特徴をもつ.そのため,情報の伝播は,各個人の社会的な関係の範囲内で生じることになる.消費者は情報の発信者となる場合も,受信者となる場合もあるが,オピニオンリーダーやマーケットメイブンなど,強い影響力をもつ発信者として振る舞うかどうかなどの個人差も存在する.

消費者による商品やサービスの認知や購買を目的として企業が利用する一般的な手法であるマスコミュニケーションは,上記のような点において,クチコミとの違いをもつものであるが,企業がマーケティングの一環として実施するコミュニケーション活動には,ダイレクトメールの

4.3 コミュニケーションとしてのクチコミと情報としてのクチコミ

表 4.1 企業および消費者が行うコミュニケーション

種類	マスコミュニケーション	企業による直接的なコミュニケーション	クチコミ	インターネット上でのクチコミ（eクチコミ, eWOM）
当事者	企業（メディア組織）と消費者	企業と消費者	消費者	消費者
役割と役割交換の可能性	メディアの広告主としての企業が情報発信者，消費者が受信者となり，役割交換が生じる可能性はない．	基本的には企業が情報発信者，消費者が受信者となるが，対面状況では役割交換が生じる可能性もある．	消費者は情報の発信者となることも，受信者となることもある．ただし個人差がある．	消費者は情報の発信者となることも，受信者となることもある．ただし個人差がある．
当事者間での相手の把握	明確な発信者と不特定多数の受信者	企業側が消費者についての情報をある程度把握	消費者同士である程度把握	不特定の場合が多い（見知らぬ誰かの書き込みを参照する）
情報が広がる規模	大きい	比較的小さい（企業側がある程度把握できている消費者に対象が限られるため）	小さい（社会的な関係がある者同士でのコミュニケーションとなるため）	比較的大きい（インターネット上で情報流通させることができるため）
メディア	テレビ，ラジオ，新聞，雑誌	店頭販売，ダイレクトメール，電話，訪問販売	対面，電話，手紙，Eメール	インターネット上のクチコミサイト，ブログ，SNS

送付や訪問販売，店頭での販売員による対応など，顔や年齢などの情報がある程度判明している個人を対象として実施されるものもある．これら企業による直接的なコミュニケーション活動は，相手をある程度把握している状況で成立するものであり，当事者間での相手の把握という点で，クチコミに似た特徴を有している．これらの活動は，メディアの発展によって，情報の受発信を行う両者がともに「今－ここ」に存在する必要性がなくなりつつあるという点でも，クチコミと似た特徴を有している．

そして，評価サイトやブログ，SNSで生じるものとして研究されているeクチコミやeWOMは，従来のクチコミのように，家族や友人，

知人などではなく，インターネット上で情報を発信している「見知らぬ誰か」が相手となるという特徴をもっている．また，書き込まれた情報を多くの人が閲覧できる可能性をもっているという意味で，情報が広がる規模という点でも，従来のクチコミとは性質が異なる．その一方で，書き込みに積極的な人や，反対に ROM（Read Only Member）と呼ばれる，閲覧だけをする人がいるように，個人差はあるが，消費者が情報の発信者としても受信者としても存在できるという点は，従来のクチコミと共通している．

4.3.2 インターネット上に蓄積されたデータとしてのクチコミ

　現代社会は評価サイトや SNS，ブログなどのサービスが発達し，商品やサービスの利用経験などに関するインターネット上での個人の書き込み行為が容易となっている．前述したように，こうした書き込まれた情報そのものは，インターネット上でのクチコミとして扱われている．さらに，インターネットは蓄積型のコミュニケーションも可能である（遠藤，2004）．そのため，個人の書き込み行為が多く発生する評価サイトや SNS，ブログは，膨大な情報（＝クチコミ）が蓄積される場所にもなる．

　そして，以下で確認するように，商品やサービスの利用経験などに関する消費者の書き込みが蓄積されたサイトは，マーケティングやイシューマネジメントなど，企業や組織が経営のさまざまな場面に利活用できる知見を提示するためのデータとして注目されるようになりつつある．こうしたデータは，さまざまな消費者の影響を受けて形成されていると想定できる（図 4.1）．

　イシューマネジメントとは，組織が自分達の競争環境に影響をもたらす可能性がある公共政策や環境保護団体，消費者運動などのモニタリングを行い，影響度を予測するとともに，対策を講じていくことである（伊吹他，2014）．こうした活動は，組織内外のステークホルダー

4.3 コミュニケーションとしてのクチコミと情報としてのクチコミ

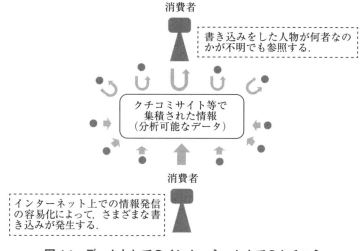

図 4.1　データとしてのインターネット上でのクチコミ

との関係づくりのために実施される他のコミュニケーション活動とともに，コーポレートコミュニケーションの一環として扱われている（Cornelissen, 2011）．企業は消費者がインターネット上に書き込んだ情報に接することで，ニーズや不満を知ることができる．こうした情報を分析することによって，企業の評判を左右する重要な問題への対策を講じていくことが，インターネットが普及した現代におけるイシューマネジメントには不可欠となっている（Argenti and Forman, 2002）．

また，ネットコミュニティのデータをマーケティングやサプライチェーンマネジメントに利用するといったことも，実際に企業によって取り組まれている．ネットコミュニティは，企業自らが主宰することも可能である．その場合，個々の消費者による書き込みや閲覧の履歴と，購買履歴などのデータを連動して分析することも可能となり，企業にとって重要なデータをもたらすことになる．もちろん，企業は化粧品情報サイトである@cosme のような独立した主体が運営するコミュニティにおいて蓄積されるデータを扱って，サプライチェーン内の各企業

67

第 4 章　イノベーション普及過程の分析データとしてのインターネット上のクチコミ

の適切な部署への消費者のニーズに関する情報の受け渡しや，それらの情報を基にした企画や設計，生産，流通の体制の整備もできる．

　こうした情勢の中で，インターネット上に集積されたデータの分析の際に用いる手法の開発の重要性も高まりつつある．インターネット上での消費者による書き込みを，これらの目的のために分析する具体的な手法としては，以下のようなものがあげられる．

　例えば，Zheng et al. (2009) は，ホテルやリゾート地についてのレビュー情報が集まるサイトである「TripAdvisor」のクチコミを分類していくことによって，高級リゾート施設に対するユーザー評価が悪くなる要因を特定している．まず，Zheng et al. (2009) は5段階で付けられているユーザー評価の中から，中立的な評価である3以下の評価をつけているクチコミを残し，それらを内容にもとづいて，部屋，サービス，価値，清潔さ，ダイニングの5種類に分類し，各タイプのクチコミ数を集計している．そして，最多のクチコミのタイプであったサービスに関するコメントについては，サービスの遅延や，期待していたサービスの提供なし，従業員の失礼な態度，要望に対する無反応など，さらに細かいタイプに分類して分析をしている．その結果，期待していたサービスの提供がなかったという内容のクチコミが最も多く，半数近くを占めているということが明らかとなり，高級リゾート施設が低評価をつけられる主要な原因として考えられるとしている．このように，インターネット上のクチコミを内容にもとづいて分類することによって，企業活動に必要な知見を獲得していくという方法がある．

　また，インターネット上のクチコミをデータとして分析する上で，テキストマイニングを用いることもできる．テキストマイニングは，テキストデータ（文書）を定量的に分析するための技術である．この分析手法は，経営学や社会学などの研究のみならず，コールセンターなど，実務の中でも需要が高まっている（那須川，2006）．

　テキストマイニングをインターネット上のクチコミに対して実施する

ことに関する具体的な説明は次章において行うが，この手法により明らかになる代表的なものとして，単語の登場頻度をあげることができる．田邊・後藤 (2008) は，宿泊予約サイトのユーザーレビューをデータとしてテキストマイニングを行い，良い評判を記述しているコメントと悪い評判を記述しているコメント，それぞれにおいて登場頻度が高い単語を明らかにすることで，利用者のニーズを特定している．また，吉見 (2013) は，「Amazon.co.jp」と「楽天ブックス」におけるクチコミに対してテキストマイニングを実施し，それらを比較した結果，それぞれにおいて使用されている単語に差異があることを指摘している．

4.3.3　イノベーション普及過程のデータとしてのクチコミ

本書は以降の章で示していくように，インターネット上に集積された情報としてのクチコミをテキストマイニングによって分析し，イノベーションの普及過程を考察する．イノベーションの普及研究分野の代表的な著作の 1 つといえる Rogers (2003) は，イノベーションを採用する社会成員を採用時期別に 5 種類に分類し，それらのカテゴリーごとに，重要となるコミュニケーションチャンネルが異なることを指摘している．Rogers (2003) によると，マスメディアを通じたコミュニケーションは初期の採用者にとって，対人的なコミュニケーションは後期の採用者にとって重要となる．初期の採用者は冒険的な性向を有しており，マスメディアによる刺激のみでも採用に至る可能性を想定できるのに対し，後期の採用者は変化をあまり好まない特徴を有しており，採用においては知人や友人からの後押しなどが必要となる．また，初期の採用者がイノベーションを採用する段階では，そのイノベーションの利用経験がある社会成員がほとんど存在しないため，マスメディアからの情報が重要となるのに対し，後期の採用者がイノベーションを採用する段階では，既に利用経験がある他の社会成員からの情報を得ることができる．そのため，後期の採用者はマスメディアからの情報に依存する必要は少なくな

第4章　イノベーション普及過程の分析データとしてのインターネット上のクチコミ

る．このように，イノベーションの普及に関する研究は，メディアを用いたコミュニケーションやパーソナルコミュニケーションによって情報が伝播し，その結果，イノベーションの採用が社会の中で増加していくものとして，イノベーションの普及を説明してきた．

その一方で，ある製品に対して注目する機能や用途が消費者によって異なることに代表されるように，イノベーションは普及過程のさまざまな段階において，消費者による多様な意味づけが行われる．そのため，イノベーションの普及過程には，ある製品や技術などの物質的な拡散としての側面と，イノベーションの意味づけを巡る実践の連鎖としての側面がある．インターネット上に集積された情報としてのクチコミのテキストマイニングは，後者の側面を考察する上で有効な分析手法である．

テキストマイニングを用いることによって，クチコミとして書き込まれたもののなかに含まれている単語の出現頻度が明らかになる他，それらの単語間の共起関係を分析することができる．以降の章のように，デジタルカメラや携帯電話に関するインターネット上のクチコミを分析すると，ある機種のクチコミにおいて，どの他機種や機能が参照されているのかが明らかになる．ある機種のクチコミにおいて，他機種やその機能が参照されていることは，ある機種について，他機種そのものや他機種の機能から，消費者が意味づけを行っていることを意味する．このような構造を明らかにできるため，テキストマイニングはイノベーションの意味づけを巡る実践の連鎖としてのイノベーション普及過程の分析手法であるということができる．また，この分析手法は，特定の機種などに興味や関心をもつ消費者が，どの他機種やその機能などを参照しているのかを明らかにする．そのため，自社製品を消費者がどのようにとらえているのかを企業やマーケターが知る手段ともなる．手法などの詳しい説明は以降の章において行うが，インターネット上に蓄積されたクチコミのデータをイノベーションの普及過程の分析に用いること，およびその手法を開発し提示することは，インターネット上に集積されている

クチコミをデータとして扱う研究の中ではこれまで見られなかった内容のものである．

4.4 現代社会におけるインターネット利用とクチコミ研究の方法

　インターネットの普及と発展は，企業による情報発信や，消費者による商品やサービスの認知および購買の意思決定の様相にさまざまな変化をもたらす一因となってきた．例えば，消費者に向けた情報発信として，企業によって伝統的に取り組まれてきたのは，テレビやラジオ，新聞，雑誌など，マスメディアを通じた商品やサービスの広告や，店頭実演やショールームなどでの対面的コミュニケーションであった．これらに加えて，現在ではインターネットの普及により，多くの企業が消費者に対する情報発信の手段として活用できる自社サイトを保有している．また，インターネットでは，企業サイトやネット広告といった手法での商品やサービスに関する情報発信が行われている一方で，消費者が自分で情報を探索し，入手しに行くことができる．加えて，ブログやSNS，商品やサービスに関するコメントが投稿できるサイトなど，個人が容易に情報を発信できる手段が，インターネット上には多数存在している．その結果，消費者が商品やサービスの認知および購買の意思決定の際に参照する情報源として，インターネット上のクチコミあるいはeクチコミと呼ばれるものが注目されるようになった．消費者は，企業から発信される情報，そして自らの家族や友人，知人などとの間の交友関係を前提にもたらされる情報の他に，インターネット上の見知らぬ誰かの発信している情報を，商品やサービスの認知および購買の意思決定の際に参照するようになっている．

　本章では，クチコミをめぐるこうした状況の変化を踏まえつつ蓄積されてきた研究を概観した上で，本書のクチコミ研究方法の位置づけを明

第 4 章　イノベーション普及過程の分析データとしてのインターネット上のクチコミ

確にした．インターネット上のクチコミには，従来のクチコミのような「知り合いからのギフト」としての情報のやりとりだけではなく，「見知らぬ誰かの置き土産」としての情報を人々が参照する構図を想定することができる．それゆえに，従来のクチコミ研究のように情報の受発信として考察する方法も，その情報を蓄積されたデータとして考察する方法も，ともに可能となる．企業のマーケティングや商品開発などに活用できる知見を提示する研究として，両者はともに実施が必要とされる研究である．本書は，インターネット上のクチコミをデータとして扱うことで，イノベーションの意味づけを巡る実践の連鎖としてのイノベーション普及過程を考察するものである．

　本書では，次章以降の分析において，インターネット上の商品価格情報サイト「価格.com」における掲示板利用者のクチコミをデータとして用いているが，今後は「2ちゃんねる」のような掲示板のデータをクチコミとして扱うことも検討していく必要がある．また，インターネット上のクチコミの内容が，広告などの企業から発信される情報に，どの程度の影響を受けているのかについて調べていく必要もある．これらを含めた，本書の研究の今後の課題については，第 9 章において検討する．

第 4 章の注釈

1) ただし，その後のマスコミュニケーション研究でも，強力なマスメディア効果に関する概念が提示されてきている．例えば，個人の意見と社会の世論調査的な機能が相互に作用することで，少数意見がますます沈黙を強いられ，多数意見が支配的になることを示した「沈黙の螺旋理論」(Noelle-Neumann, 1984)や，マスメディアが人々に対して注目すべき事柄は何なのかを提示することで，一方で論争がおこる事柄を決定し，他方では別の事柄を論争から外す機能があるとする，McCombs and Shaw (1972)の「議題設定機能仮説」などである．
2) これが「コミュニケーションの 2 段階の流れ」と呼ばれる仮説であるが，マーケティング分野での研究では，広告などのマスメディアから発信される情報は，商品やサービスに対する消費者の認知や関心を高め，クチコミによる情報はそ

れらを含めた上で購買意思決定の最終局面にも影響力を発揮するとも指摘されている．また，このようにマスメディアが直接的にも消費者に対して影響力を発揮することをふまえて，「コミュニケーションの多段階の流れ」モデルが提示されている (Blackwell et al., 2001)．
3) その他，クチコミに関するもう 1 つの研究の流れとして，ピアノを習う生徒やその親を対象に，ピアノ教師の推薦情報がどのようなネットワークや人々の関係性の中で活発化するのかを調査した Brown and Reingen (1987) のように，クチコミを交わす消費者同士の関係性やネットワークに注目するものがある．

第 4 章の参考文献

[1] Argenti, P. and Forman, J. (2002). *The Power of Corporate Communication*, New York, NY, McGraw-Hill.
[2] Arndt, J. (1967a). "Role of Product-Related Conversations in the Diffusion of a New Product." *Journal of Marketing Research*, Vol.4, No.3, pp.291-295.
[3] Arndt, J. (1967b). *Word of Mouth Advertising: A Review of the Literature*, New York, NY, Advertising Research Foundation.
[4] Blackwell, R. D., Miniard, P. W. and Engel, J. F. (2001). *Consumer behavior*, Fort Worth, Harcourt College Publishers.
[5] Brown, J. J. and Reingen, P. H. (1987). "Social Ties and Word-of-Mouth Referral Behavior." *Journal of Consumer Research*, Vol.14, No.3：pp.350-362.
[6] Buttle, F. A. (1998). "Word of mouth：understanding and managing referral marketing." *Journal of Strategic Marketing*, Vol.6, No.3, pp.241-254.
[7] Cornelissen, J. (2011). *Corporate Communication：A Guide to Theory and Practice 3rd edition*, London, SAGE.
[8] Feick, L. F. and Price, L. L. (1987). "The Market Maven：A Diffuser of Marketplace Information." *Journal of Marketing*, Vol.51, No.1, pp.83-97.
[9] Goyette, I., Ricard, L., Bergeron, J. and Marticotte, F. (2010). "e-WOM Scale：word-of-mouth measurement scale for e-services context," *Canadian Journal of Administrative Sciences*, Vol.27, No.1, pp.5-23.
[10] Henning, M. (2006). "New Media" in Macdonald, S (eds.)*A companion to museum studies*, Malden, Mass, Blackwell Pub, pp.302-318.
[11] Hennig-Thurau, T., Gwinner, K. P., Walsh, G. and Gremler, D. D. (2004). "Electronic word-of-mouth via consumer-opinion platforms：What motivates consumers to articulate themselves on the Internet?," *Journal of Interactive Marketing*, Vol.18, No.1, pp.38-52.
[12] Innis, H. (1951). *The bias of communication*, Toronto, University of Toronto

Press.（邦訳）ハロルド・アダムズ・イニス著，久保秀幹 訳(1987)『メディアの文明史 コミュニケーションの傾向性とその循環』，新曜社.
[13] Katz, E. and Lazarsfeld, P. F. (1955). *Personal influence : the part played by people in the flow of mass communications*, Glencoe, Ill, Free Press.
[14] Lazarsfeld, P., Berelson, B. and Gaudet, H. (1948). *The people's choice : how the voter makes up his mind in a presidential campaign (3rd ed.)*, New York, NY, Columbia University Press.
[15] Litvin, S. W., Goldsmith, R. E. and Pan, B. (2008). "Electronic word-of-mouth in hospitality and tourism management," *Tourism management*, Vol.29, No.3, pp.458-468.
[16] McCombs, M. and Shaw, D. (1972). "The agenda-setting function of mass media." *Public Opinion Quarterly*, Vol.36, No. 2, pp.176-187.
[17] McLuhan, M. (1964). *Understanding media : the extensions of man*, New York, NY, McGraw-Hill.
[18] McQuail, D. (1983). *Mass communication theory : an introduction*, London, Sage Publications.（邦訳）デニス・マクウェール著，竹内郁郎，三上俊治他 訳(1985)『マス・コミュニケーションの理論』，新曜社.
[19] Noelle-Neumann, E. (1984). *The spiral of silence : public opinion, our social skin*, Chicago, Ill, University of Chicago Press（邦訳）エリザベート・ノエル・ノイマン著，池田謙一 訳(1998)『沈黙の螺旋理論 世論形成過程の社会心理学』，ブレーン出版.
[20] Rogers, E. M. (2003). *Diffusion of innovations (5th ed.)*, New York, NY, Free Press（邦訳）エベレット・ロジャーズ著，三藤利雄 訳(2007)『イノベーションの普及』，翔泳社.
[21] Rosen, E. (2000). *The anatomy of buzz : how to create word-of-mouth marketing*, New York, NY, Doubleday.（邦訳）エマニュエル・ローゼン著，濱岡豊 訳(2002)『クチコミはこうしてつくられる：おもしろさが伝染するバズ・マーケティング』，日本経済新聞社.
[22] Sotiriadis, M. and van Zyl, C. (2013). "Electronic word-of-mouth and online reviews in tourism services : the use of twitter by tourists," *Electronic Commerce Research*, Vol.13, No.1, pp.103-124.
[23] Strutton, D., Taylor, D. G. and Thompson, K (2011). "Investigating generational differences in e-WOM behaviors," *International Journal of Advertising*,Vol.30, No.4, pp.559-586.
[24] Williams, R. (1976)*Keywords : A vocabulary of culture and society*, London, Fontana.（邦訳）レイモンド・ウィリアムズ著，椎名美智，武田ちあき，越智博美，松井優子 訳(2002)『完訳 キーワード辞典』，平凡社，2002年.

[25] Wilson, W. R and Peterson, R. A. (1989). "Some Limits on the Potency of Word-Of-Mouth Information." *Advances in Consumer Research*, Vol.16: pp.23-29.

[26] Zheng, T., Youn, H. and Kincaid, C. S. (2009). "An Analysis of Customers' E-Complaints for Luxury Resort Properties." *Journal of Hospitality Marketing & Management*, Vol.18, No.7, pp.718-729.

[27] 阿部潔(1998)『公共圏とコミュニケーション－批判的研究の新たな地平－』，ミネルヴァ書房．

[28] 安藤和代(2004)「相互作用性に着目したクチコミ研究の系譜と展望：関係性パラダイムでのクチコミ活用に向けて」，『商学研究科紀要』，Vol.59, pp.43-57.

[29] 安藤和代(2012)「クチコミはどのように語られているのか：クチコミ動機と言語タイプの関係性について実証的考察」，『千葉商大論叢』，Vol.49, No.2, pp.177-192.

[30] 飯島正樹(1995)「口コミの効果に関する研究」，『日本経営工学会誌』，Vol.45, No.6, pp.575-580.

[31] 伊吹勇亮，川北眞紀子，北見幸一，関谷直也，薗部靖史(2014)『広報・PR論－パブリック・リレーションズの理論と実際』，有斐閣．

[32] 遠藤薫(2004)『インターネットと「世論」形成：間メディア的言説の連鎖と抗争』，東京電気通信大学出版局．

[33] 大石裕(2011)『コミュニケーション研究：社会の中のメディア』，慶應義塾大学出版会．

[34] 小川美香子，佐々木裕一，津田博史，吉松徹郎，国領二郎(2003)「黙って読んでいる人達(ROM)の情報伝播行動とその購買への影響」，『マーケティングジャーナル』，Vol.22, No.4, pp.39-51.

[35] 佐々木裕一(2004)「商品購買における評価サイトの有効度--評価サイトユーザにおける評価サイト/雑誌/口コミの有効度比較」，『情報メディア研究』，Vol.3, No.1, pp.29-42.

[36] 澁谷覚(2013)『類似性の構造と判断』，有斐閣．

[37] 杉谷陽子(2009)「インターネット上の口コミの有効性-製品の評価における非言語的手がかりの効果」，『上智経済論集』，Vol.54, No.1, pp.47-58.

[38] 田邊亘，後藤正幸(2008)「宿泊施設の戦略構築を支援するユーザレビュー分析に関する一考察」，『武蔵工業大学環境情報学部情報メディアセンタージャーナル』，Vol.9, pp.91-101.

[39] 那須川哲哉(2006)『テキストマイニングを使う技術／作る技術』，東京電機大学出版会．

[40] 濱岡豊，里村卓也(2009)『消費者間の相互作用についての基礎研究』，慶應義

塾大学出版会.
[41] 吉見憲二（2013）「プラットフォームの違いがクチコミに与える影響に関する研究」,『日本情報経営学会誌』, Vol.33, No.3, pp.109-120.

第Ⅱ部

イノベーションの普及過程に関するテキストマイニングを用いた分析

第5章
テキストマイニングを用いた基礎的な分析とその限界

5.1 テキストマイニング

　本章では，テキストマイニングの流れや基礎的な分析方法を確認した上で，方法的な限界を考察する．第一にテキストマイニングにおける分析の流れを確認する．第二にテキストデータを用いて分析過程を追いながら，分析者が関与する必要のある事項，一般的な分析方法の特徴と課題を明らかにする．

　本書ではテキストマイニングを，テキスト（文書情報）を対象とする分析および分析手法の総称ととらえている．一口にテキストマイニングと言っても，分析対象となるテキストの種類や，使用する分析手法は多種多様である．例えば，分析対象となるテキストは，卒業論文のタイトルや抄録，市議会の議事録，アンケートの自由記述，コールセンターにおける会話の文字おこしデータ，特許情報などがあげられる．

　また分析手法も，本章で紹介する頻度分析，共起ネットワーク分析やクラスター分析に加え，対応分析なども用いられている．分析に使用するソフトウェアも，有料ソフトウェアと無料ソフトウェアの両方がある．このように，「テキストマイニング」は，その名称やテキストを対象とするという点では共通しているが，詳細は各分析者の興味や関心，分析の目的などに応じて異なっている[1]．

5.2 テキストマイニングの流れ

　Feldman and Sanger（2007）によると，「機能的なレベルでは，テキストマイニングシステムは一部の古典的なデータマイニングのアプリ

ケーションと同じく，(a)前処理，(b)マイニング処理(c)プレゼンテーション層のコンポーネントとブラウジング機能(d)改良機能の4つに分けられるモデルに従う」(pp.17-18)とある．本章では，彼らの分類を参考に，かつ本書で提案する手法の位置づけを見えやすくするという意図のもと，テキストマイニングを(1)テキスト収集の段階，(2)前処理の段階，(3)マイニングの段階，(4)後処理の段階の4つに分けて確認する．図 5.1 は，テキストマイニングの流れとテキストマイニング使用者が行う必要のある作業や意思決定を表したものである．

以下では，実際に事例を用いた分析を行いつつ，図 5.1 の流れに沿ってテキストマイニングの一般的な手法の特徴と限界を確認する[2]．使用したテキストは，「価格.com」の，「ASUS MeMo Pad HD7」という商品に関するクチコミ(書き込み)である．なお，ソフトウェアは「KH Coder[3]」を使用している．

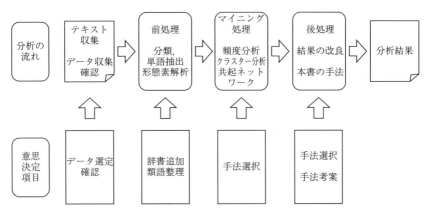

図 5.1　テキストマイニングの流れと利用者の意思決定項目

5.3 テキストマイニングの分析過程

5.3.1 テキスト収集の段階

テキストマイニングの第一段階は，分析に使用するテキストを収集することである．この段階でテキストマイニング利用者は，どのテキストを利用するのかという課題に取り組み，意思決定を下すことになる．

先述したように，テキストマイニングで取り扱うテキストは多種多様である．ソフトウェアが読み込める形に成形すれば，コールセンターの会話のような音声情報であっても分析は可能である．とはいえ，選択するテキストの種類と量によって，後の分析の精度，方法が影響を受けることも事実である．この収集段階において，絶対のルールは存在しない．しかし，極端にテキストの分量が少ないと分析した結果に偏りが生じ，一方で極端に分量が大きいと一般的なパソコンでは処理に非常に時間がかかるという問題に直面することになる．一度テキストを収集し，最後まで分析を行った上で問題があれば収集したテキストを見直すという作業が必要となる．

5.3.2 前処理の段階

テキストマイニングの第二段階では，収集したテキストを分析するために成形・数値化する．このような分析前成形・数値化などの総称は，一般に前処理と呼ばれる．また，文章を単語と出現情報（数値情報）として整理する作業は，形態素解析と呼ばれる．この段階では，辞書への単語の追加をどのように行うかが重要になる．

テキストは，各単語（名詞，動詞，形容詞など）が，役割（主語，述語，修飾語など）をもって並んだ状態にある．これらの情報は，人間には読み取ることができるが，何らかの形で数値化しなければ，機械はデータとして処理することができない．また，数値化がなされない限り，主に統計学の手法を利用して開発されてきたマイニング手法は利用できな

い．そこで，前処理として，テキストを各単語単位で分割し数値化する．このような数値化は，専用のソフトウェアを用いれば，自動的に行われる．本書で用いている KH Coder の場合，デフォルト設定であれば「茶筌」というソフトウェアを利用する形でこの作業を行っている[4]．

一例として，次の4文を例に形態素解析について見ていく．

① 「このタブレット PC は，動画がうまくとれる」
② 「このタブレット PC は，画面がきれい」
③ 「動画を撮るためには，このタブレット PC が良い」
④ 「この機種は，画面がいまいち」

このテキスト情報を分析すると，表5.1のような形をとる．なお，ここでは議論をわかりやすくするため，3つの概念のみ取り上げている．テキスト①には「動画」という単語が登場することから，そこに「1(回登場)」という数値が割り振られる．同じ作業を，テキスト②，③，④でも行う．

繰返しになるが，このような作業自体はソフトウェアが行ってくれる．また，抜き出す単語も，すでに辞書が存在し，実用可能である．しかし，既存の辞書にない単語を分析に使用する場合は，辞書に単語を追加するという作業が必要になる．

多くのテキストマイニングソフトウェアは，辞書と数値化ソフトウェアを内包しているため，一般的な単語が使われている限りにおいて辞書の追加，すなわち前処理で抽出する単語の追加は必要ない．しかし，既

表5.1 テキストデータの数値化例

	機種	画面	動画	……
テキスト1	0	0	1	
テキスト2	0	1	0	
テキスト3	0	0	1	
テキスト4	1	1	0	

表 5.2 辞書追加による効果

辞書追加前上位 10 語		辞書追加後上位 10 語	
抽出語	出現回数	抽出語	出現回数
思う	2026	思う	2026
使う	1273	アプリ	1443
購入	1138	使う	1278
タブレット	1008	購入	1138
設定	777	タブレット	1018
使用	761	設定	777
対応	720	使用	761
場合	697	対応	720
接続	639	場合	697
カード	636	ASUS	692

存の辞書には，新しい言葉，あるいは特定の業界，領域で使われている専門用語などは含まれていないためそれらが分析上必要ならば，辞書の追加をする必要がある．表 5.2 は，辞書に単語を追加する前と後の違いを表したものである．これは，頻出語の上位 10 位までを表したものだが，辞書に追加する前と後では，「アプリ」や「ASUS」といった単語が，頻出語として登場するか否かに違いがある[5]．

5.3.3 マイニング（分析）の段階

テキストマイニングの第三段階では，数値化したテキストを元に，各種分析方法を利用してクチコミの特徴を明確にする．なお，この段階の分析方法は複数存在するが，ここではソフトウェアに標準的に実装されており，それゆえ使用されることの多い「頻度分析」「共起ネットワーク分析」「クラスター分析」を確認する．

最も簡単に行え，かつ他の分析の基礎となるのが「頻度分析」である．これは，テキスト内に登場する各語の出現回数を集計したものである．この手法によって，テキストの作成者が用いる語の種類やその頻度

が明らかになる．表5.3は，2種類の頻度分析結果を示している．左から，「出現回数の上位10単語」「名詞限定の上位10単語」である．このように，頻度分析では出現した単語の出現回数を，一定の条件のもとに抽出し，比較することができる．

このような頻度分析は，テキストの作成者が用いる言葉を知る上で，非常に有用である．分析に使用するテキストを限定することや，商品の特定機能を専門用語として辞書登録しておくことによって，自身の知りたい単語の使用頻度を知ることが可能となる．例えば，今回のような商品の場合，商品の機能の名称が顧客に認知されているかを知ることができる．ただし，この分析はあくまで単語単位のため，調査者が想定している意味で認知されているかはわからない．このような，意味を推定する手法として，共起ネットワーク分析がある．

共起ネットワーク分析とは，単語と単語が共起，すなわち複数の単語が同一文章内で共通して用いられている状況を分析したものである．この手法は，テキスト作成者が言葉をどのような意味で用いているのかを推定する手法の1つとして考えられる．つまり，自身の調べたい単語が

表5.3　頻度分析

上位10単語		名詞上位10単語	
抽出語	出現回数	名詞	出現回数
思う	2026	アプリ	1443
アプリ	1443	タブレット	1018
使う	1278	ASUS	692
購入	1138	カード	636
タブレット	1018	SD	634
設定	777	画面	619
使用	761	PC	598
対応	720	初期	590
場合	697	WiFi	578
ASUS	692	NEXUS	550

第5章 テキストマイニングを用いた基礎的な分析とその限界

どのような単語と共起しているのか，ひいては自身の想定する単語と共起しているのか，いないのかを調べることで，意味を推定するのである．

図5.2は，ASUS MeMo Pad HDに関するクチコミの共起ネットワークを図示したものである[6]．この図では，線で結ばれている単語間に強い共起関係があり，結ばれていない単語間は共起関係の無い(弱い)ものである．例えば，この図5.2を見ると，「購入」と「対応」「ASUS」「使用」「タブレット」が結ばれていることから，購入したタブレットのユーザーサポートに関する話題が多数存在すると推測できる．また，「アプリ」と「設定」が結ばれていることから，タブレットで使用するアプリの設定方法に関する情報交換が盛んであると推測できる．

このように，テキスト作成者が用いる言葉の意味を推測する手段として，また図示することでわかりやすく示すという点で，共起ネットワークは優れている．しかし，共起ネットワークは複数の単語をいくつかのグループに分類する手段としては限界がある．

例えば，図5.2の場合，「アプリ」という単語は，「設定」「タブレッ

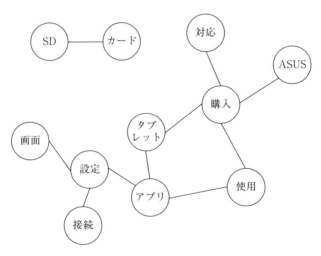

図5.2 共起ネットワーク分析

ト」「使用」の語と結び付いているが,「設定」と「タブレット」や「使用」など,直接結ばれていない語がどの程度共通して出現しているのかを知ることはできない.このような限界を部分的に克服した手法がクラスター分析である.

クラスター分析とは,単語を共起関係の強い順に合成してく手法である[7].この分析から,複数の単語をグループとしてわかりやすく集約することができる.図5.3は,これまでと同じ ASUS MeMo Pad HD7 の抽出語をクラスター分析した結果である[8].この図の見方であるが,単語の共起関係が強いものほど左側で線がつながり,共起関係が弱いものほど,右側で線がつながるという形である.先ほどの「アプリ」という単語は,「使用」と最も共起関係が強く,次いで,「タブレット」「購入」「対応」「ASUS」などの単語と近い.すなわち,消費者は「アプリ」という単語を使用した場合,「アプリ」を「使用」した感想について,もっとも関心があるのではないかと推測できる.

このように,共起ネットワーク分析とクラスター分析は,同じ共起関

図5.3 クラスター分析

係，すなわちテキスト作成者が語を一緒に用いる度合いを元に行う分析ではあるが，その焦点が異なる．共起ネットワーク分析は，多数の単語間がどのように結びついているのかを表現することにより，テキストの作成者が共通して使用している語の関係のネットワークを一覧することに重きを置いている．一方，クラスター分析は単語を合成していく樹形図を描くことにより，単語と単語の近さをより明確にし，単語の含まれるグループを明らかにする点で優れている．

　しかし，この分析結果からは「使用」と「アプリ」の共起関係の強さはわかるが，「アプリ」と「ASUS」の強さはわからない．すなわち，「タブレット」と「購入」によって新たに出現した「タブレット」「購入」点と「対応」と「ASUS」によって新たに出現した「対応」「ASUS」点をもとに出現する「タブレット」「購入」「対応」「ASUS」点が，「使用」と「アプリ」によって出現した「使用」「アプリ」点と共起関係が強いということ以上のことはわからない．クラスター化された単語間，あるいはクラスター間の関係しか読み取ることはできない．あくまで，クラスター分析は図 5.4 のような過程で，描かれたものである．以上のことから，クラスター分析の問題点としては，単語間の共起関係だけが抽出されているのではなく，それらの複合的共起関係が抽出されていることから，これをもとに単語間の共起関係を分析することは困難である点があげられる．

5.3.4　後処理の段階

　テキストマイニングの最終段階は，マイニングの結果を元に，さらなる手法改良，追加分析を行うことである．テキストマイニング利用者は，自身の欲しい情報を得るための具体的な方法を考案する必要がある．もちろん，前節の「マイニング」において必要かつ十分な情報が得られたのであれば，後処理は必要ない．また，後処理においても複数の手法が提案されていることから，マイニングと同じく「手法の選定」が

5.3 テキストマイニングの分析過程

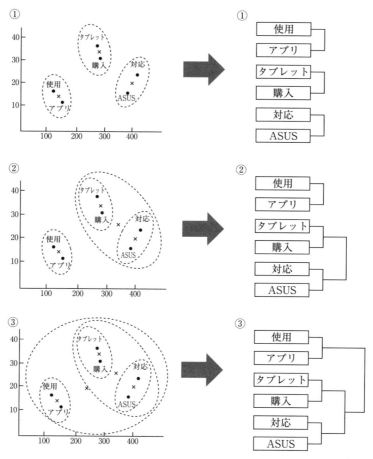

図 5.4 クラスター分析による樹形図生成のイメージ

問題になることも十分に考えられる．

前節で行った，共起ネットワーク分析とクラスター分析を行い，それらを比較するという手法も，手法の改良という観点からいえば，後処理と考えることもできる．すなわち，1つの分析手法で明らかにしにくいものを，別の分析手法と組み合わせることで明らかにするということである．

第5章　テキストマイニングを用いた基礎的な分析とその限界

　本書は，イノベーションの普及をテキストマイニングによって明らかにするものだが，過去の「マイニング」手法では十分に明らかにできないため，後処理に新たな方法考案し，用いている．過去の手法は，単語と単語の共起関係を見ることができても，ある共起関係を踏まえた上での，別の単語との共起関係を見るということは不得意としている．よって，新たな手法を後処理として用いることが必要となった．

5.4　第5章のまとめ

　本章では，テキストマイニングの流れについて，事例を用いながら使用されることの多い頻度分析や，共起ネットワーク分析，クラスター分析を概観し，その問題点を指摘した．テキストマイニングは，「テキスト収集」「前処理」「マイニング」「後処理」というプロセスを経て新たな知見を得る分析手法である．そして，それぞれに対してテキストマイニング利用者は，「テキストの選定」「辞書の追加」「分析手法の選定」「手法の考案・採用」が必要になる．本書では，主に後処理に新たな方法考案し，用いている．

　次章以降では，テキストマイニングによってイノベーションの普及過程を分析する．ここで用いられる手法は，後処理に含まれるものである．

第5章の注釈

1) テキストマイニングに関する書籍も複数存在する．例えば，Feldman and Sanger (2007) は，テキストマイニングに関する概要・技術・理論を含め，豊富な参考文献や注釈を取り扱いつつ，包括的に取り扱っている．一方，上田他 (2005) は，実際の分析事例を紹介しながら，テキストマイニングを平易な言葉で説明している．
2) 本研究で使用するデータは，価格.comに掲載されたAsus MeMo Pad HD7に関するクチコミである．期間は，初めてのクチコミが書きこまれた2013年7月17日から，2014年12月31日までものである．収集された書き込み件数は4711件であったが，URLの書き込みや写真データの提供のみなど，本分析において使用できない書き込みを取り除いたところ，4655件となった．さらにそ

こから，機種依存文字，特殊な記号，文字化けなどのデータを修正 (48件) した．辞書に追加した用語は，「アプリ」や「LTE」など，27語であった．また，同じく複数の用語に関して表記ゆれを修正している．
3) KH Coder は，テキストマイニングのためのフリーソフトウェアである．開発者は樋口耕一先生である．なお，バージョンは 2.beta.30e を使用している．ソフトウェアの詳細は，次のホームページを参照のこと．http://khc.sourceforge.net
4) 茶筌は，奈良先端科学技術大学院大学の松本研究室にて開発されたフリーソフトウェアである．なお，類似のソフトウェアとして京都大学情報学研究科 – 日本電信電話株式会社コミュニケーション科学基礎研究所 共同研究ユニットプロジェクトによって開発された MeCab が存在する．
5) 辞書に追加する単語の選択は，分析者の観点や目的による．分析の精度を高めるためにはすべての単語を辞書に登録することが望ましいが，それは非常にコストのかかるものとなる．そこで分析の目的に合わせて辞書に登録する語を選択することが現実的な方法といえる．タブレット PC の場合には競合も含めた機種名やメーカー名，機能や部品の名前，頻繁に用いられる評価に関する語などを辞書として追加し，それ以外は無視して分析を進める．これにより，よりコストを抑えながら，精度の高い分析が可能になる．
6) 共起ネットワークを描くための条件として，名詞，最少出現数 600 回，描画する共起関係 10 本を選択した．今回は，見た目の都合，及び解釈のしやすさから登場する単語，共起関係ともに条件を厳しく設定している．この条件は緩めることで多くの単語間の関係を見ることができるが，一方で煩雑になり焦点が絞りにくくなるという問題も発生する．
7) クラスター分析は，単語間だけでなく，文書間の類似性によって分類することも可能である．
8) 階層的クラスター分析にあたっては，最少出現数 600 回，Ward 法を使用し，距離は Jaccard 係数によって計算した．

第5章の参考文献

[1] Feldman, R. and Sanger, J. (2007). *The Text Minging Handbook：Advanced Approaches in Analyzing Unstructured Data*, Cambridge：University Press. (邦訳) ローネン・フェルドマン著, 辻井潤一 監訳, IBM 東京基礎研究所テキストマイニングハンドブック翻訳チーム 訳 (2010)『テキストマイニングハンドブック』, 東京電機大学出版局.
[2] 上田隆穂, 黒岩祥汰, 戸谷圭子, 豊田裕貴 編 (2005)『テキストマイニングによるマーケティング調査』, 講談社サイエンティフィク.

第6章
普及過程における意味づけの次元の変化
― 共起ネットワークの経時的分析 ―

6.1 商品カテゴリー

　商品カテゴリーは客観的なものやアプリオリなもの，つまりあらかじめ境界やメンバーとなり得る基準が決まったものというわけではない．例えば，日本における消費動向調査では，2004年3月までは「カメラ機能付き携帯電話」をデジタルカメラとして集計していたが，2005年3月以降は集計の対象からは除外している．このように「カテゴリー」という言葉で表現される範囲や内容は変化する．

　本書では，第1章でも述べたように商品カテゴリーの普及を対象としている．商品カテゴリーに関する研究は過去にも消費者行動研究などで行われてきた．消費者行動研究ではカテゴリーが消費者の購買行動に重要な影響を与えているという考えがある．なぜなら消費者が購買意思決定を行うためには考慮集合(consideration set)(Wright and Balour, 1977；新倉，2005)を形成する[1]必要があり，その考慮集合の基礎となるものの1つが商品カテゴリーだからである[2]．

　本章では消費者のクチコミを分析することで商品カテゴリーの普及過程を見ていくこととする．

6.2 分析の対象と方法

　本章では，コンパクトデジタルカメラの普及過程におけるクチコミを共起ネットワークによって可視化し，コンパクトデジタルカメラという商品カテゴリーを構成する属性の変化を語の変化として見ていく．本来商品カテゴリーという言葉を使用する時，そこに含まれるのはそのカテ

ゴリーに含まれる商品である．しかし，商品カテゴリーはその商品がもつ属性，つまり「写真の撮影ができる」「レンズがある」「液晶画面がある」「デジタルデータで保存する」などの属性によって分類学的に作り出されるものでもある．そこで，本章では，商品カテゴリーを属性の側面から見ていくこととする．これら具体的な商品と，そのカテゴリーの境界やメンバーを決定する属性，つまり定義的条件と呼ばれるものの関係を表したのが図6.1である．

　商品ごとに共起ネットワーク分析を行うことで商品Bにおける属性Gや商品Cにおける属性Fを分析の対象に含めることもできるが，今回は商品カテゴリー全体を1つの単位として分析する．属性FやGのように少数しか登場しない属性に関する言及は埋もれてしまうことになるが，商品カテゴリーの普及過程における消費者の認識を明らかにするという観点から，このような形を採用する．

　共起ネットワークによる分析では，クチコミにおいて共通して登場する語の関係をネットワークとして描き，また，その共起語をまとめたクラスターを析出することで，クチコミ全体の内容を要約することができ

		商品カテゴリーに含まれる商品			
		商品A	商品B	商品C	商品D
定義的条件に含まれる属性	属性A	○	○	○	○
	属性B	○	○	○	
	属性C	○	○		○
	属性D	○		○	○
	属性E	○			
その他の属性	属性F			○	
	属性G		○		
	属性H				○

静的にとらえるカテゴリー概念の場合
考慮集合はこの中から作られる

今回の分析の対象

図6.1　商品カテゴリーにおける商品と属性の関係

る．さまざまな属性は共起ネットワーク上ではネットワークを構成するノードや共起関係，つまり語や語の組み合わせという形で登場する．これを見ることで商品カテゴリーにおいて消費者に頻繁に言及される，つまり消費者にとって重要な属性を知ることができる．しかし，共起ネットワークはある特定時点におけるスナップショットのようなもので，普及過程の中で連続的に変化していく意味づけられた属性をとらえることはできない．つまりコンパクトデジタルカメラを分析しようとした際に収集可能な全クチコミ（本章の場合には 2001 年から 2011 年に書き込まれたもの）をまとめて共起ネットワークを描くということは，それは 2001 年から 2011 年のクチコミにおける共起関係を分析することになり，そこには普及の過程における連続的な変化を見出すことはできない．

そこで本章では 2 年ごとにクチコミ内の共起ネットワークを描き，それらを連続的に比較する．このような手法を用いることで，静的な分析しかできない共起ネットワークによる分析を動的な変化を分析することのできるものとして活用することができる．

次節，図 6.2 ～ 6.7 は 2001 年から 2011 年に発売された機種，その中でも 2000 件以上のクチコミがあった機種のクチコミをもとに作成している[3]．上記データを 2 年ごとに分け，そこで登場する語の共起関係を分析した．共起ネットワークを描くと同時に，語のクラスター化[4]も行っている．共起関係の測定には Jaccard 係数を用いている[5]．分析には KH Coder[6]を使用した．

6.3　商品カテゴリーの普及過程における共起ネットワーク

本章では「○○という属性が優れている」などという評価や程度には注目せず，どういった属性に関心をもって消費者が商品を意味づけているのかに注目して分析を進めることを目的としているため，名詞に注目

6.3 商品カテゴリーの普及過程における共起ネットワーク

し共起ネットワークを描いている[7]．

図 6.2 ～ 6.7 で登場する語を分析すると，再頻出語の 1 つである「撮影」は，「フラッシュ」や「室内」と共起して同じクラスターを形成していることが多い．室内での撮影やその中でのフラッシュの使用に関する話題が，消費者にとって重要なものであることが推測される．

2004・2005 年（図 6.4）以前は多かった「バッテリー」に関するクラスターが 2006・2007 年（図 6.5）ではなくなり，「バッテリー」という語自体も共起ネットワーク上には出現していない[8]．他方で 2004・2005 年（図 6.4）と 2006・2007 年（図 6.5）には「手ブレ補正」に関するクラスターが新たに出現している．また，2008・2009 年（図 6.6）以降，「コンデジ」と「デジタル一眼」あるいは「一眼」の共起数が増加し，同一の

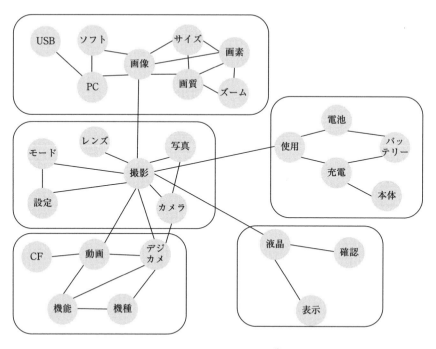

図 6.2　2000・2001 年[9]

第6章　普及過程における意味づけの次元の変化

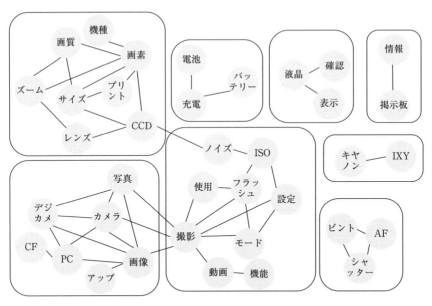

図 6.3　2002・2003 年

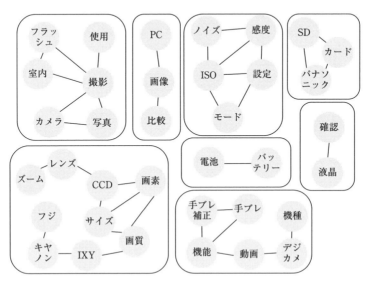

図 6.4　2004・2005 年

6.3 商品カテゴリーの普及過程における共起ネットワーク

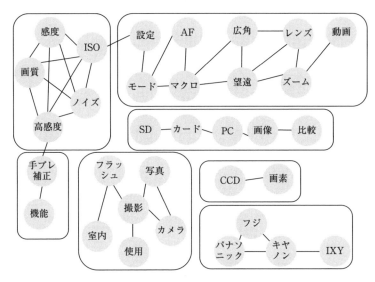

図 6.5　2006・2007 年

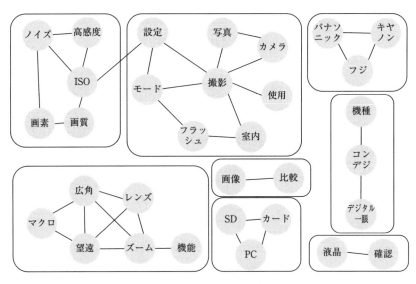

図 6.6　2008・2009 年

第6章 普及過程における意味づけの次元の変化

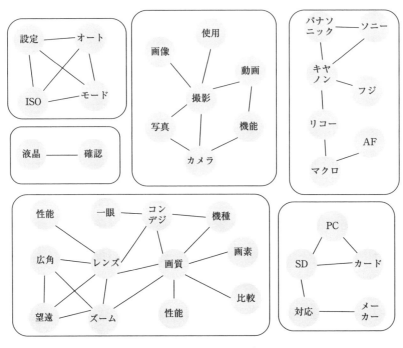

図6.7　2010・2011年

クラスターを形成している．このように，普及の過程では新たな語が次々と出現し，重要な語としてクラスターを形成するようになる．このような重要語の新たな登場によって商品カテゴリーに対する消費者の意味づけは連続的に変化し，商品カテゴリーのもつ意味は拡大する．

　次に，「ズーム」と「レンズ」という語は，2004・2005年（図6.4）まではクラスター内の他の語，通常は「ズーム」や「レンズ」とは直接的に関係のない「CCD」や「画素」といった語と共起する形で出現しているが，2006・2007年（図6.5）以降「広角」や「望遠」と共起し，クラスターの中心となる語となって登場している[10]．このように，普及の過程では消費者の用途の変化や技術の進歩によって過去から存在していた語が消費者によって異なる意味づけがなされ，独立，拡散し，新たな

重要語としてクラスターを形成するようになる．

　このように，イノベーションの普及のプロセスとは，一方で，使用される概念が増加するという意味で，商品カテゴリーを構成する概念が拡張するプロセスである．他方で，それら諸概念が，一時期は強い共起関係でネットワーク内にクラスターを構成するが，時間を経るにつれて，それぞれが独立し，他の概念，あるいは新しく現れる概念との共起関係のもと，新たなクラスターを構成するようになる．この意味で，商品カテゴリーを構成する概念が拡散するプロセスでもある．

6.4　共起ネットワークのクラスターに関する考察

　図6.2～6.7で描いた共起ネットワーク上に現れるクラスターは「意味づけの次元」(佐々木・新倉，1999)と考えることができる．意味づけの次元とはある属性を，それを使用する目的との関係の中で意味づける際の観点をさしている．例えば図6.2における「液晶」「確認」「表示」という語はそれぞれ，あるいはこれらの語を組み合わせて属性である[11]．これらの属性からなるクラスターを，写真を撮るという商品カテゴリーの最大の目的と関連づける意味づけの次元として考えると，それまでのフィルムカメラとは異なる「撮ったその場で写真を確認できる」という意味づけの次元があらわれる．このような意味づけの次元があらわれることで「液晶」「確認」「表示」の意味するものは単に「液晶」や「確認」，「表示」という語が意味しているものとは異なる意味をもち，また商品カテゴリーにも新たな意味をもたせることになる．このような意味づけの次元は主観的なものであるが，普及過程の中での情報の交換や書き込みの蓄積によって共通して使用されるようになる．結果として商品カテゴリーが新たな意味をもち，再創造されることになる．

　意味づけの次元を明らかにすることは開発者にとっても重要な意味をもつ．なぜなら同じ属性において同一の程度の性能をもつにもかかわら

ず消費者によって評価されるものとされないものをこの概念は説明するからである．例えば先ほどと同じ，図6.2においては「撮影」「カメラ」「写真」「レンズ」が同一のクラスターにある．このクラスター＝意味づけの次元が「きれいな写真を撮影することのできるカメラはレンズが大事」とした場合には，消費者にとってはレンズが搭載されていることは当然としても，レンズの性能が重要な意味をもつことになる．上記の意味づけの次元が正しかった場合には，同じような性能のレンズであったとしてもフィルムカメラの時代からレンズに力を入れ，専門家も一眼レフカメラの交換レンズとして信用し使用しているキヤノンやニコンのレンズを採用した機種が選ばれる可能性が高くなることを意味している．

このように共起ネットワーク上に現れるクラスターを意味づけの次元としてさらに分析することで，商品カテゴリーの普及過程における消費者の認識とその変化をより明らかにすることができる[12]．

ここまでコンパクトデジタルカメラの諸属性からなる共起ネットワークについて見てきた．コンパクトデジタルカメラというカテゴリーは商品のもつ諸属性や類似性にもとづいて分類学的に作られたカテゴリーである．しかし，その属性を構成する概念や，典型となり得る属性は普及過程の中で連続的に変化していることがわかる．このような変化は多義的な商品の意味が，あるいはユーザーイノベーション(von Hippel, 2005)の過程でのユーザーによる商品への意味づけが共起ネットワークの変化として現れたものであり，これに柔軟に対応することによって生産者と使用者の相互作用(石井，1996)がおこり，漸進的なイノベーションを他社に先駆けて行うことができる可能性が高まるといえる．

6.5 さらなる分析に向けて

本章では，商品カテゴリーがアプリオリなものではないことを確認した上で，商品カテゴリーを構成する属性とその変化を見た．共起ネット

ワークにもとづいた分析はあくまでも目安であり，商品カテゴリーを構成する語の変化の中心となっているものは何かといったことや，どのような内容の話題が頻出しているのかといったことを十分に知ることはできない．そこで第7章では三角測量分析という手法を用いて，商品カテゴリーの語の構成を変化させるような語を析出する．続く第8章では話題分析という手法を用いてクチコミ掲示板の中で語られる話題の変遷をより詳細に明らかにし，普及過程を分析する．

6.6 共起ネットワーク分析の方法

　本章で採用した方法は消費者の意味づけの連続的な変化を描き出すものであり，先述のとおりユーザーイノベーションを商品開発の中に取り込み，漸進的なイノベーションを他社に先駆けて行うために必要な情報を収集・分析することを可能にする方法である．

　分析は下記の手順で行われる．

手順1：テキストデータの取得
手順2：テキストデータの整形
手順3：テキストマイニングソフトへの登録と前処理
手順4：共起ネットワークの描画

以下では，この手順を詳細に見ていく．

手順1：テキストデータの取得
　本章ではテキストマイニングにKH Coderを使用している．分析の対象としては，本章ではカカクコム社の掲示板データを使用したが，KH Coderで使用可能なテキストデータになっていれば，その取得元がさまざまなインターネット掲示板，利用者のblog，あるいは消費者の使用

後アンケートなどでも良い．

手順2：テキストデータの整形

　分析は上記で取得し，PC で使用可能なテキストデータとした情報を KH Coder で分析可能な形に整形することから始める．これは英数字の全角化，英字の大文字化，掲載 URL の削除，クチコミ一件内の段落の削除である．KH Coder を用いて分析を行うにあたって，何を分析の単位とするのかを判断する必要があるが，本書では一貫してクチコミ一件を分析の単位としている．これを行うための作業が段落の削除である．

　また，同時に表記揺れの修正も行っておく必要がある．例えば，「ＳＯＮＹ」と「ソニー」といった，同じ会社を指す語が異なる語として認識され，数えられることがあるため，これを「ＳＯＮＹ」あるいは「ソニー」に統一しておく必要がある．

　次に，実際の分析を始めるにあたって，KH Coder 内の辞書には登録されていない単語，つまり専門用語や機種名，部品名などを登録する必要がある．本章では，KH Coder の作者である樋口氏の意見[13]を参考に辞書には登録せず，強制抽出語という形で登録し，分析を行った．

　次に，KH Coder にデータを取り込む際に，どのようにデータファイルを構成するかが重要な問題となる．本章では，クチコミ書き込み日2年ごとに分割し，データファイルを作成した上で，KH Coder に取り込んでいる．また，第7章，第8章では機種ごとにデータファイルを作成し取り込んでいる．分析の目的によってファイルの作成方法や取り込み方は異なるため，目的に合った方法を採用する必要がある．

手順3：テキストマイニングソフトへの登録と前処理

　これらの処理を行った上で，KH Coder にテキストデータを登録し，前処理を実行する．この前処理によって形態素解析が行われ，その結果がデータベースとして作成され，その後のさまざまな分析に使用可能な

形となる.

手順4：共起ネットワークの描画

　共起ネットワークの描画自体はKH Coderに実装されている機能を使用する．共起ネットワークの描画にあたってはさまざまな設定を行うことができる．本章で使用した設定は以下のとおりである．①集計単位は「文」に設定している．本章での分析は分析の単位を1件のクチコミにしている．1件のクチコミには多くの文章が含まれており，内容的に異なる文章も1件のクチコミの中には多く含まれている可能性が高い．集計単位を「段落」で行うと，このような内容の異なる文章も同一の分析の単位として扱われるため，共起関係を分析した時，その結果に関係のないものまでもが含まれる可能性が生じる．そこで本章では集計単位を「文」としている．②品詞による語の取捨選択は「名詞」「サ変名詞」「タグ」を用いている．これは先述のとおり属性を共起ネットワークとして描く意図からである．

　本章では以上の方法で2年ごとに作成したデータを使用して分析を行った．

第6章の注釈

1) 考慮集合とは，人が問題状況下にあって想起する，問題解決を可能にするだろうと思える商品群を意味している．2〜8商品ブランドが想起される（Hoyer and MacInnis, 2008）．
2) 消費者行動研究においてカテゴリーを論じる時には2つの考え方がある．第一に静的カテゴリーといえるもので，分類学的に類似性や典型性をもとにカテゴリーの境界とそのメンバーを決定するものである．第二に動的カテゴリーといえるもので，目的などに応じてアドホック（Barsalou, 1985）に作り出される境界とそのメンバーをカテゴリーと呼ぶものである．
3) 本来であれば2000件以上のクチコミがあった機種だけではなく全機種のクチコミを対象とするべきであるが，次の第7章で用いているデータを本章でも使

用したため，このような形になっている．
4) 本章の共起ネットワークにおけるクラスター分析は，第 5 章のクラスター分析とは異なる分析手法である．本章のクラスター化に際しては KH Coder の共起ネットワーク分析に実装されている機能を用いた．KH Coder ではいくつかのクラスター化の方法を用いることができるが，本稿では Clauset et al. (2004) の Modularity にもとづいて行っている．Modularity とはネットワーク内のノードをクラスター化する際の指標である．Clauset et al. (2004) は Modularity が最適になる，つまりクラスター内のエッジ (edge) が最大に，クラスター間のエッジが最小になるアルゴリズムについて論じている．本稿におけるノードとはクチコミの中で登場した語であり，エッジとは語間の共起を意味している．このことから，クラスターは出現頻度の高い共起関係の集合ということができる．
5) Jaccard 係数は次のように求められる．
Jaccard (S1, S2) = ｜S1∩S2｜/ (｜S1｜+｜S2｜-｜S1∩S2｜) (S1, S2 はそれぞれ集合を表す)．
6) KH Coder はテキストマイニングを行うためのフリーソフトで，下記ホームページで入手可能である．
http://khc.sourceforge.net/ (最終確認日：2016 年 4 月 8 日)
7) 形容詞や動詞は名詞の程度や変化を表すものである．
8) 「バッテリー」という語はその後も当然登場している．しかし，クチコミの中で登場する回数が減少することで共起ネットワーク上には現れなくなる．このような現象は，消費者にとってその語の重要性が減少したことを意味している．
9) 図 6.2 〜図 6.7 の語の位置は描画に最適なものにした結果である．語間の関係及び語の集合であるクラスターが分析に必要な情報となる．共起ネットワークとして KH Coder が描いたクラスター内の共起関係はすべて描いているが，クラスター間の共起関係に関しては，その関係が強いものだけを描いている．クラスター間の共起関係として描かれているものの共起関係の強さは一律ではなく，分析するデータによって異なる，つまり相対的なものなので，ここで Jaccard 係数〇〇以上ということはできない．
10) 「レンズ」と「ズーム」は 2000・2001 年では同一のクラスターではなかったが 2002・2003 年以降同一のクラスターとなり，2004・2005 年では CCD との共起関係で出現していたのが，2006・2007 年以降「広角」や「望遠」といったレンズに直接関係する語と共起し，2008・2009 年ではレンズに関係する語だけでクラスターを形成するようになっている．
11) これらの語はそれぞれが属性を表しているとも，組合せによって属性をあらわしているともいえる．つまり，「液晶」はカメラの部品として属性であり，「確認」も確認することができるという属性，また「表示」も使用者がカメラを使う上での情報を表示するという意味で属性である．さらには，これらの語を

組み合わせた「液晶」に「表示」するという属性や，「確認」のための「液晶」という属性も考えられる．このように共起ネットワークに登場する語やクラスターは一意に決定することはできない．これら登場する語の意味をさらに分析することができる手法として第 8 章の「話題分析」がある．
12) しかし，クラスター化までは客観的な計算の結果として析出できるが，意味づけの次元に関しては分析者の解釈であり，分析者の主観的判断の結果である．これを商品開発時のデータとして有効に活用するためには，デプスインタビューや観察法を併用する必要がある．
13) http://koichi.nihon.to/cgi-bin/bbs_khn/khcf.cgi?no = 752&mode = allread#753

第 6 章の参考文献

[1]　内閣府(2015)『消費動向調査』
http://www.esri.cao.go.jp/jp/stat/shouhi/shouhi.html#taikyuu
(最終確認日：2015 年 6 月 12 日)

[2]　石井淳蔵(1996)「製品の意味創造のプロセス」，石井淳蔵，石原武政編著：『マーケティング，ダイナミズム - 生産と欲望の相克 -』，白桃書房.

[3]　佐々木壮太郎，新倉貴士(1999)「製品意味づけのプロセス－消費者の知識構造と市場の競争構造のダイアログ－」，石井淳蔵，石原武政編著：『マーケティング，ダイアログ－意味の場としての市場－』，白桃書房.

[4]　竹岡志朗(2016)「普及過程における商品カテゴリー構成概念の変化」，『桃山学院大学経営経済論集』，Vol.58-1, pp63-79.

[5]　新倉貴士(2005)『消費者の認知世界－ブランドマーケティング・パースペクティブ』，千倉書房.

[6]　Barsalou, L. W. (1985). "Ideals, Central Tendency, and Frequency of Instantiation as. Determinants of Graded Structure in Categories," *Journal of Experimental Psychology：Learning, Memory, and Cognition*, Vol.11, No.4, pp629-654.

[7]　Clauset, A. Newman, M. E. J. and Moore, C. (2004). "Finding community structure in very large networks," *Physical Review*, E 70(6), 066111.

[8]　Hoyer, W. D. and MacInnis, D. J. (2008). *Consumer Behavior fifth edition － international edition*, Cengage Learning.

[9]　von Hippel, E (2005). *Democratizing innovation*, Cambridge, MA：MIT Press.

[10]　Wright, P. and Barbour, F. (1977). "Phased Decision Strategies：Sequels to an Initial Screening," *Graduate School of Business Stanford University Reseach Paper*, No.353.

第7章

普及過程で連続的に変化する意味
―テキストマイニングにおける三角測量分析―

7.1 ミクロな行為の集積としてのイノベーション

　イノベーションの普及研究には，第2章で見たように，多様な研究が存在する．Rogersは，普及を「イノベーションが，あるコミュニケーション・チャンネルを通じて，時間の経過の中で社会システムの成員の間に伝達される過程の事である」(Rogers, 2003, p.5)と定義している．この普及の定義に含まれたイノベーションには，「消費者の知覚」が含まれているのだが，そこに登場する消費者とは，イノベーションの新しさや，優位性，複雑性などの属性だけを知覚する消費者，あるいは採用か非採用かだけを決定する消費者，つまり抽象化された消費者である．同様の指摘は，これまでに見てきた他の研究にもいえる．これまでのイノベーションの普及研究は，消費者のイノベーションに対する知覚や認知をかなりの程度括弧に入れて進んできた．

　このように消費者を抽象化することで，マクロな現象としてのイノベーションの普及に関するさまざまな理論が構築され成果をあげてきたが，他方で，消費者がイノベーションの採用・非採用を決定する過程での認知や，それを使用する中で，そのイノベーションをどのように認識し，意味づけ，それを変化させてきているのかということが，消費者の知覚や認知という側面からは十分には明らかにされていない，つまり，ミクロな消費者の行為の集積としてのイノベーションの普及過程は十分に明らかとはなっていないといえる．

　以下では，インターネット上のクチコミ掲示板に書き込まれた情報を，テキストマイニングソフトを使用して分析することで，消費者の知覚にもとづいてイノベーションの普及過程を明らかにする．

7.2　分析の方法と対象
　　－デジタルカメラに関するクチコミ情報－

　本章は消費者の認知の結果としてあらわれるインターネット上のクチコミ掲示板のクチコミ情報を分析することで，イノベーションの普及という現象を明らかにする．テキストマイニングにはKH Coder[1]を使用した．

　テキストマイニングを用いる理由は，第一に，消費者のクチコミという非定型データを定量的に扱うことができること，第二に，大量のテキストを定量化して使用することが可能となるため，登場する概念や，それら諸概念間の関係を容易に見つけ出すことが可能となること，第三に，2つ以上の概念間の共起関係の共通性を定量的に見出すことができること，があげられる．このようなテキストマイニングにおける共起関係への注目は，テキストデータの分析の精度を上げるために有用である．単一の概念に注目し，その概念に充当される意味の推測を行うのではなく，共起する概念に注目する理由としては，共起する概念の数が多いほど解釈の余地が狭まり，概念に充当されている意味の共通性が近似する可能性が高くなるからである．

　分析事例として日本のコンパクトデジタルカメラ市場を選び，インターネット上の商品価格情報サイト「価格.com」における掲示板利用者のクチコミ情報を分析対象とした[2]．

　本章が取り扱った機種は，クチコミデータが存在する1998年以降に発売されたものであり，デジタルカメラ普及の最初期は，残念ながら対象に含めることができなかった．しかし，コンパクトデジタルカメラは広く普及しており，商品点数も多く，またクチコミ情報も他の商品に比べて多いこと，加えてデータを収集した時点で成熟期を超えており，普及過程の全体を分析の対象とできることから，今回はこれを分析事例として扱うこととした．

第 7 章　普及過程で連続的に変化する意味

　次に，消費者の知覚や認知にもとづいて普及という現象を明らかにするために考慮しなければならないことが，分析の単位である．消費者の個々の知覚に注目するという観点から，分析の最小単位は機種ごとのクチコミになる．この先2つの方法が考えられる．第一が，第6章のように，商品カテゴリー内の全クチコミを単位とし，全クチコミの経時的調査を行うというもの，第二が，機種別のクチコミを単位とし，機種ごとにクチコミを分析，それら機種ごとの分析結果を並べた経時的結果によってマクロな普及という現象を明らかにするというものである．第6章で採用した第一の方法は，図6.1にあるように，コンパクトデジタルカメラという商品カテゴリーに対する消費者の認識を明らかにすることができる一方で，機種ごとの特徴を捨象してしまう分析手法でもあった．

　本章では第二の方法を採用する．理由としては，消費者個々人の認知に注目する上で，モノと人の認知の不可分な性質，特に消費者と個々の機種の関係性は無視できない要因と考えるからである．人の行為は，人とそこで使用されるモノや環境が相互に作用しあい，ネットワーク化することで実現・成就する現象である（Pea, 1993；Hutchins, 1993；Callon, 2004；Latour, 1987）．この時，モノが人の認知に与える影響として，行為を媒介する道具に関する研究や（Wertsch, 1998），アフォーダンス（affordance）(Gibson, 1979；Pea, 1993）に関する研究がある．行為を媒介する道具に関する研究の中では，モノの相違が行為そのものを変形させるとしており，またアフォーダンスに関する研究では，モノがもつアフォーダンスが人の行為を誘発，制約，あるいは可能にするとされている．

　以上のことから，コンパクトデジタルカメラカテゴリーのクチコミ情報全体を分析する第一の方法は，この道具と認知の不可分な性質を無視することになるため，以下では第二の方法で分析を進めることとする．第二の方法を採用することで普及過程で登場するさまざまな機種の特徴

を捨象することなく分析の中に取り込むことができる[3]．

分析では，消費者の知覚・認識を物象化した消費者のことば，とりわけ，名詞に注目した（御領，1993；那須川他，2001）．名詞に注目する理由は，消費者はそれら名詞によって商品を知覚・認識・整理しているからである[4]．よって，以下では，名詞＝概念として分析を行った．

利用したデータは，一機種あたりのクチコミ件数が 2,000 件以上，かつ，1998 年から 2010 年に発売されたコンパクトデジタルカメラのクチコミである[5]．具体的には，2010 年以前に発売された 1,134 機種中 160 機種，合計 759,987 件のクチコミが分析対象となる．これにより，コンパクトデジタルカメラの導入期から成熟期，さらには衰退期までを対象としている．

7.3 コンパクトデジタルカメラにおける普及プロセスの分析

7.3.1 機種を構成する概念と他機種への参照

以下では，名詞＝概念の出現頻度と諸概念の共起関係から，消費者のコンパクトデジタルカメラ各機種への知覚・認識を見ていく．

表 7.1 の A〜D は，「R10」[6]「920IS」「FX37」「F100」のクチコミ内の頻出語とその出現回数を示している．「F100」は 2008 年上半期に発売され，他の 3 機種は 2008 年下半期に発売された．

表 7.1 の A〜D 中の斜字は機種名である．各機種を構成する概念には他機種が含まれていることから，消費者は，特定の機種を認識する概念として機能や価値などの機種自体がもつ特徴だけではなく，他機種も参照しているといえる．

図 7.1[7] は，他機種への参照[8]に注目し，各機種がどのような参照関係にあるのかを示している[9]．

第 7 章　普及過程で連続的に変化する意味

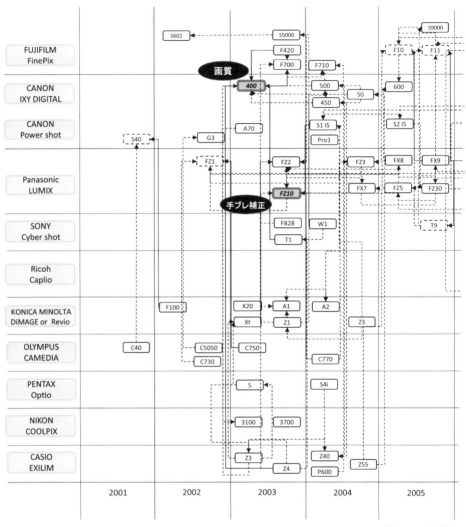

図 7.1　各機

7.3 コンパクトデジタルカメラにおける普及プロセスの分析

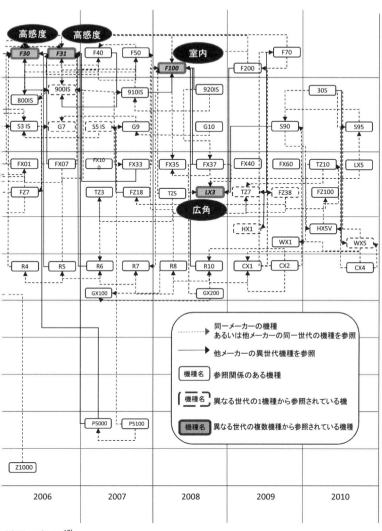

種間の参照[10)]

第7章 普及過程で連続的に変化する意味

表7.1 機種ごとの出現概念とその回数

A	R10		B	920IS		C	FX37		D	F100	
1	*R 10*	2008	1	*920*	894	1	*FX37*	690	1	*F100*	5324
2	写真	910	2	撮影	546	2	撮影	451	2	撮影	3054
3	撮影	878	3	写真	384	3	写真	288	3	写真	2698
4	設定	550	4	機能	279	4	機能	271	4	画像	1654
5	画像	539	5	*F100*	250	5	デジカメ	270	5	設定	1428
6	レンズ	454	6	画質	240	6	画質	239	6	画質	1393
7	*R8*	417	7	価格	239	7	*F100*	238	7	デジカメ	1264
8	マクロ	398	8	デジカメ	226	8	価格	219	8	参考	1076
9	コンデジ	396	9	参考	217	9	*FX35*	207	9	*F31*	1076
10	機能	372	10	使用	215	10	ズーム	202	10	ISO	1076
11	デジカメ	367	11	フラッシュ	213	11	画像	196	11	フラッシュ	1045
12	価格	348	12	画像	206	12	動画	193	12	レンズ	1022
13	参考	344	13	設定	200	13	広角	191	13	スレ	1020
14	ズーム	324	14	広角	190	14	使用	180	14	高感度	987
15	室内	304	15	室内	177	15	レンズ	172	15	使用	985
16	スレ	292	16	コンデジ	172	16	室内	171	16	機能	955
17	200	282	17	レンズ	171	17	設定	154	17	コンデジ	941
18	液晶	279	18	値段	153	18	コンデジ	147	18	露出	900
19	画質	275	19	オート	147	19	参考	144	19	比較	868
20	広角	272	20	液晶	147	20	フラッシュ	130	20	室内	861

　図7.1における機種間の参照関係を類型化したものが，図7.2である．可能な参照関係は，世代内・間参照の3種，メーカー内・間の2種から分類すれば，図7.2中a～jに示す10通りである．

　図7.2中，aとbは同時期に発売された機種間の参照である．これは消費者による外部探索と選択代案の評価（Engel et al., 1973）[11]と考えることができる[12]．cとdは同一メーカーの次世代[13]以降，eとfは前世代以前モデルから（へ）の参照である．これはブランドパーソナリティ（Aaker, 1997）にもとづく探索と考えることができる[14]．

　次にg～jは他社機種から（へ）の参照であり，かつ異なる世代から（へ）の参照である．図中gは前世代以前からの，hは前世代以前への参照である．iは次世代以降への，jは次世代以降からの参照である．

7.3 コンパクトデジタルカメラにおける普及プロセスの分析

iの形で参照する機種（gは参照関係がiと逆になったもの）は次世代以降の機種を参照していることから，他社の次世代の機種が出た後も消費者が関心をもち続けている機種と考えられる．jの形で参照される機

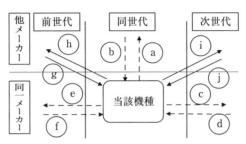

図 7.2　機種間の参照関係の類型

表 7.2　各機種における 400 と諸概念の共起

A			B			C			D		
Z4 ⊃ 400			F420 ⊃ 400			F700 ⊃ 400			T1 ⊃ 400		
1	F700	0.15	1	画質	0.15	1	画質	0.09	1	T1	0.12
2	Z4	0.13	2	F420	0.10	2	F700	0.08	2	画質	0.11
3	画質	0.12	3	画素	0.08	3	ISO	0.08	3	画素	0.10
4	室内	0.11	4	価格	0.08	4	感度	0.08	4	撮影	0.09
5	T1	0.10	5	液晶	0.07	5	画素	0.08	5	レンズ	0.08
6	レスポンス	0.08	6	バッテリー	0.07	6	比較	0.08	6	Z4	0.08
7	初心者	0.08	7	F700	0.07	7	室内	0.08	7	初心者	0.08
8	機能	0.08	8	ズーム	0.07	8	200	0.07	8	ズーム	0.08
9	候補	0.08	9	写真	0.07	9	ノイズ	0.07	9	使用	0.08
10	撮影	0.07	10	ISO	0.07	10	解像度	0.07	10	写真	0.08
11	ポイント	0.07	11	発売	0.07	11	撮影	0.07	11	比較	0.07
12	メディア	0.07	12	掲示板	0.06	12	800	0.07	12	ISO	0.07
13	検討	0.07	13	好み	0.06	13	CCD	0.06	13	液晶	0.07
14	アドバイス	0.07	14	Z4	0.06	14	画像	0.05	14	性能	0.07
15	比較	0.07	15	値段	0.06	15	写真	0.05	15	メモリースティック	0.07
16	液晶	0.06	16	初心者	0.06	16	掲示板	0.05	16	ポイント	0.07
17	プリント	0.06	17	CF	0.06	17	400万画素	0.05	17	スナップ	0.07
18	画像	0.06	18	操作	0.06	18	サイズ	0.05	18	室内	0.07
19	掲示板	0.06	19	風景	0.06	19	ダイナミックレンジ	0.05	19	フラッシュ	0.06
20	写真	0.06	20	デザイン	0.06	20	30	0.04	20	200	0.06

種(hは参照関係がjと逆になったもの)は，次世代以降の機種から参照されていることから，iと同様，他社の次世代の機種が出た後も有力な比較対象となり続けている機種と考えられる．

図7.1から，ほとんどの機種は同世代あるいは同一メーカーの機種を参照している．しかし，いくつかの機種は，次世代以降の機種から(を)参照され(し)ている．

参照している機種が1機種であれば，何か他にない特徴があり，その機種しか参照すべき機種がないということも考えられる．しかし，いくつかの機種は次世代以降の複数の機種から参照されている．

次項では，このような次世代以降の複数機種から参照されている6機種，つまり「400」「FZ10」「F30」「F31」「F100」「LX3」に注目し，どのように参照関係を形成しているのかを見ていく[15]．

表7.3 各機種におけるFZ10と諸概念の共起

A

	C-770 ⊃ FZ10	
1	S1	0.13
2	倍率	0.12
3	手ブレ補正	0.10
4	オススメ	0.08
5	比較	0.07
6	ズーム	0.06
7	770	0.06
8	シリーズ	0.06
9	三脚	0.06
10	画質	0.06
11	FZ2	0.05
12	750	0.05
13	フラッシュ	0.05
14	連写	0.05
15	レンズ	0.05
16	リング	0.05
17	好み	0.05
18	機能	0.05
19	手ブレ	0.04
20	焦点距離	0.04

B

	S1IS ⊃ FZ10	
1	手ブレ補正	0.09
2	連写	0.08
3	S1	0.07
4	ズーム	0.07
5	400万画素	0.06
6	比較	0.06
7	画素	0.06
8	写真	0.06
9	撮影	0.06
10	手ブレ	0.06
11	画質	0.06
12	被写体	0.06
13	運動会	0.06
14	FZ2	0.05
15	Z1	0.05
16	画像	0.05
17	目的	0.05
18	フリーズ	0.05
19	機能	0.05
20	室内	0.05

7.3.2 機種と概念の共起

次世代以降の複数機種から参照される機種とそれを参照する機種の関係を見るにあたって，本章ではテキストマイニングソフトにある関連語探索機能を使用する．具体的には，参照する機種に関するクチコミの中で，参照される機種に関するクチコミだけを抽出する．抽出されたクチコミの中で，参照される機種と他の概念との共起関係，つまりどのような強さで機種と他の概念が結びついているのかを見る．この強さの測定にはJaccard係数を用いる[16]．

表7.2(p.111)のA～Dは，「Z4」「F420」「F700」「T1」のクチコミの中で，「400」と共起関係にある概念を示したものである．表中の左列はJaccard係数で計測された共起関係の強さの順位である．中列は「400」と共起した概念である．右列は計測の結果，つまり共起関係の強さである．

表7.4 各機種におけるF30と諸概念の共起

	A			B			C	
	FX07 ⊃ F30			R5 ⊃ F30			900IS ⊃ F30	
1	高感度	0.19	1	室内	0.13	1	高感度	0.16
2	FX07	0.17	2	高感度	0.12	2	F31	0.14
3	手ブレ補正	0.17	3	F31	0.10	3	900	0.14
4	F31	0.16	4	900	0.09	4	比較	0.13
5	写真	0.15	5	R5	0.08	5	室内	0.13
6	撮影	0.14	6	撮影	0.07	6	ノイズ	0.12
7	室内	0.13	7	広角	0.07	7	撮影	0.11
8	ノイズ	0.12	8	感度	0.07	8	画質	0.11
9	広角	0.12	9	R3	0.07	9	広角	0.11
10	フラッシュ	0.11	10	参考	0.07	10	ISO	0.11
11	ブレ	0.11	11	ノイズ	0.06	11	写真	0.10
12	画質	0.11	12	ISO	0.06	12	手ブレ補正	0.08
13	手ブレ	0.10	13	写真	0.06	13	画像	0.08
14	ISO	0.10	14	R4	0.06	14	サンプル	0.08
15	感度	0.09	15	用途	0.06	15	フラッシュ	0.08
16	夜景	0.08	16	コントラスト	0.06	16	800	0.07
17	使用	0.08	17	ズーム	0.05	17	風景	0.07
18	比較	0.07	18	子供	0.05	18	参考	0.07
19	被写体ブレ	0.07	19	アユ	0.05	19	感度	0.07
20	被写体	0.07	20	画質	0.05	20	CCD	0.07

第 7 章　普及過程で連続的に変化する意味

　表 7.2 では,「Z4」「F420」「F700」「T1」において,「画質」の概念が上位に来ている（表 7.2A 中の「Z4」, B 中の「F420」, C 中の「F700」, D 中の「T1」は自己言及であり, また A 中の「F700」は表中 C 機種への言及である).

　表 7.3 (p.112) の A と B は,「C-770」と「S1 IS」のクチコミの中で,「FZ10」と共起関係にある概念を示したものである.

　表 7.3 では,「C-770」と「S1 IS」において「手ブレ補正」という概念が上位に来ている（表 7.3 の A にある「S1」は表 7.3 の B の機種である).

　表 7.4 (p.113) の A〜C は,「FX07」「R5」そして「900IS」のクチコミの中で,「F30」と共起関係にある概念を示したものである.

　表 7.4 では,「FX07」「R5」「900IS」において,「高感度」という概念

表 7.5　各機種における F31 と諸概念の共起

A			B			C		
FX33 ⊃ F31			R6 ⊃ F31			P5000 ⊃ F31		
1	F50	0.16	1	室内	0.17	1	室内	0.18
2	F40	0.15	2	高感度	0.15	2	高感度	0.18
3	高感度	0.15	3	撮影	0.11	3	感度	0.12
4	F30	0.15	4	R6	0.10	4	フラッシュ	0.12
5	ISO1600	0.14	5	F40	0.10	5	F30	0.11
6	ISO400	0.12	6	画質	0.10	6	ノイズ	0.10
7	ノイズ	0.12	7	写真	0.09	7	ISO800	0.10
8	画質	0.08	8	広角	0.08	8	ISO400	0.08
9	サンプル	0.08	9	ズーム	0.08	9	手ブレ補正	0.07
10	高感度画質	0.08	10	ノイズ	0.08	10	P5000	0.07
11	比較	0.08	11	フラッシュ	0.08	11	撮影	0.07
12	印象	0.08	12	機能	0.08	12	後継	0.06
13	評判	0.08	13	マクロ	0.08	13	画質	0.06
14	被写体ブレ	0.07	14	手ブレ補正	0.07	14	CCD	0.06
15	室内	0.07	15	風景	0.07	15	ISO	0.06
16	画角	0.07	16	比較	0.07	16	ダイナミックレンジ	0.06
17	オート	0.07	17	200	0.07	17	現時点	0.05
18	解像感	0.06	18	候補	0.07	18	シャッター	0.05
19	フラッシュ	0.06	19	感度	0.06	19	S5	0.05
20	200	0.06	20	屋外	0.06	20	屋外	0.05

7.3 コンパクトデジタルカメラにおける普及プロセスの分析

が上位に来ている．

表 7.5 の A 〜 C は，「FX33」「R6」そして「P5000」のクチコミの中で，「F31」と共起関係にある概念を示したものである．

表 7.5 では，表 7.4 同様に「高感度」の概念が上位に来ている（「R6」「P5000」では「室内」が最上位に来ているが「FX33」においては 15 位にとどまっており，ここではすべての機種で上位に来ている「高感度」を上位概念とした）．

表 7.6 の A 〜 C は，「R10」「920IS」「FX37」のクチコミの中で，「F100」と共起関係にある概念を示したものである．表 7.4，表 7.5 では「高感度」の概念が上位になっていたが，表 7.6 では「室内」の概念が最上位に表れている．

表 7.6　各機種における F100 と諸概念の共起

A: R10 ⊃ F100

1	室内	0.10
2	高感度	0.09
3	候補	0.08
4	R10	0.07
5	ノイズ	0.07
6	F200	0.07
7	画質	0.07
8	撮影	0.07
9	CCD	0.07
10	マクロ	0.07
11	広角	0.06
12	LX3	0.06
13	子供	0.06
14	人物撮影	0.06
15	望遠	0.06
16	操作性	0.05
17	TZ5	0.05
18	機能	0.05
19	フジ	0.05
20	魅力	0.05

B: 920 IS ⊃ F100

1	室内	0.22
2	920	0.15
3	フラッシュ	0.14
4	高感度	0.13
5	撮影	0.12
6	比較	0.12
7	ISO800	0.11
8	感度	0.11
9	写真	0.11
10	ダイナミックレンジ	0.11
11	風景	0.11
12	子供	0.11
13	画像	0.10
14	露出補正	0.10
15	画質	0.10
16	夜景	0.10
17	レンズ	0.10
18	ISO800	0.10
19	設定	0.09
20	参考	0.09

C: FX37 ⊃ F100

1	室内	0.20
2	FX37	0.16
3	画像	0.15
4	フラッシュ	0.14
5	FX35	0.14
6	撮影	0.14
7	画質	0.14
8	写真	0.13
9	夜景	0.11
10	920	0.11
11	ズーム	0.11
12	参考	0.10
13	F31	0.10
14	使用	0.09
15	レンズ	0.09
16	広角	0.08
17	デザイン	0.08
18	機能	0.08
19	PC	0.08
20	操作性	0.08

第 7 章　普及過程で連続的に変化する意味

表 7.7　各機種における LX3 と諸概念の共起

A

F200 ⊃ LX3		
1	レンズ	0.11
2	広角	0.08
3	G10	0.07
4	望遠	0.07
5	F200	0.06
6	感度	0.06
7	GX200	0.06
8	手ブレ補正	0.05
9	比較	0.05
10	ハイエンド	0.05
11	候補	0.05
12	F100	0.05
13	高感度	0.05
14	一眼レフ	0.05
15	ISO	0.05
16	CCD	0.05
17	F値	0.04
18	ズーム	0.04
19	室内	0.04
20	AF	0.04

B

S90 ⊃ LX3		
1	広角	0.11
2	比較	0.11
3	GX200	0.10
4	レンズ	0.09
5	S90	0.09
6	G10	0.08
7	画質	0.08
8	ズーム	0.08
9	高感度	0.08
10	ノイズ	0.08
11	キャップ	0.07
12	望遠	0.07
13	動画	0.06
14	画素	0.06
15	G11	0.06
16	性能	0.06
17	後継	0.06
18	感度	0.06
19	撮影	0.06
20	室内	0.06

　表 7.7 A, B は，「F200」と「S90」のクチコミの中で，「LX3」と共起関係にある概念を示したものである．

　表 7.7 では，「F200」「S90」ともに，「広角」という概念が上位に来ている．

7.4　ベンチマーク機種と優先概念

　前節の分析では，次世代以降の複数機種から参照されている 6 機種（「400」「FZ10」「F30」「F31」「F100」「LX3」）を参照している機種の中で，参照されている 6 機種がどのように他の概念と共起しているのかを分析した．その結果，「400」を参照する機種の中では「画質」が，「FZ10」

を参照する機種の中では「手ブレ補正」が,「F30」と「F31」を参照する機種の中では「高感度」が,F100 を参照する機種の中では「室内」が,LX3 を参照する機種の中では「広角」が機種名と共起し,共通して上位に来ていることが明らかとなった.

次世代以降からの参照は,参照される機種が,世代を越えた競争力を実現していることを意味している.異なる世代であっても,1機種からの参照は,少数の消費者だけが価値を認めた機能などの競合(例:マクロ撮影に強い)と考えることができる.しかし,異なる世代の複数機種から参照されている 6 機種の場合,それぞれに特徴の異なる複数の機種から参照されている.そして,それらの参照の中で,6 機種との共起関係にある概念を見ると,共通した概念が上位に来ている.

次世代以降の複数の機種から参照されており,同時に,共通した概念によって参照されている機種を,「ベンチマーク機種」[17]と呼ぶこととする.そして,ベンチマーク機種と共起する形で共通して上位に表れる概念,つまり「画質」「手ブレ補正」「高感度」や「広角」「室内」のような概念を,「優先概念」と呼ぶこととする.優先概念は,消費者の商品への認識の中で,他の概念よりも上位に位置づけられる概念である(図 7.3).

以上の結果から,イノベーションの普及過程とは,ベンチマーク機種とそれとともに登場する優先概念が次々に変化していく過程だといえる.

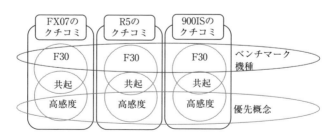

図 7.3 ベンチマーク機種と優先概念

7.5　分析結果からの考察

　以上から2つのインプリケーションが導出される．第一に，優先概念として出現する特徴や性能が，消費者にとって重要な指標となっており，ベンチマーク機種が実現している特徴や性能が，その指標を測定する基準点となっているということである．ベンチマーク機種は異なる世代の複数の機種から共通の優先概念で参照されている．これはベンチマーク機種のもつ特徴や性能が，他社の次世代以降の機種が実現する特徴や性能と競合関係にあるからだと考えることができる．そして，その特徴や性能は，それをあらわす概念が上位に来ることから，消費者にとって，その商品カテゴリーが実現してほしい，あるいはしていなければならない特徴や性能だと考えることができる．

　図7.1のように，ベンチマーク機種は普及プロセスの中で変化しており，また優先概念も変化している．例えば，ベンチマーク機種が「400」の時には「画質」が，「FZ10」の時には「手ブレ補正」が，「F30」「F31」の時には「高感度」が優先概念であったが，さらに1年後のベンチマーク機種が「F100」の時には「室内」が優先概念となっている．このような優先概念の変化は，それまでの優先概念が実現する価値や志向が消費者にとって必要十分に至った，あるいはそれまでとはまったく異なる重要な技術的，社会的変化がおこったことなどによる消費者の志向の変化の結果だと考えることができる．

　ベンチマーク機種は，このような消費者の志向をとらえた機種，あるいは志向を変化させた機種，言い換えれば，普及過程の中で，商品カテゴリーの進化の方向を変化させた機種といえる．このことから，ベンチマーク機種を作り出すことのできるメーカーは持続的な競争優位を実現することができるといえる．ベンチマーク機種を他社に先駆けて意図的に作り出すことは，消費者の意見を丹念に見ていけば，決して不可能ではない．しかし，第二のインプリケーションで述べるように，消費者の

意見が完全に可視化されたものではないため，簡単に実現することはできない．

　第二のインプリケーションは，方法的なものである．今回分析に使用したKH Coderには，対応分析や階層的クラスター分析という分析手法がツールとして用意されている．しかし，これらの分析では，表7.1と同様に，それぞれの機種ごとの特徴があらわれるだけである．本章が採用した方法は，これら機種ごとの特徴の経時的羅列になりかねない普及プロセスの分析を，機種間の関係の中でとらえたものである．例えば，表7.1 A〜Dと表7.6 A〜Cに登場する機種は同じものであるが，結果はまったく異なっている．表7.1において「室内」の概念は15位前後にあらわれているが，表7.6においてはすべての機種で上位にあらわれている．つまり，機種単体の際に上位にあらわれる概念と，他の機種との関係の中で上位にあらわれる概念が異なっているのである．このような結果は，それぞれの機種を独立に分析していただけではあらわれない，単純には可視化されない消費者の意見である．

　先述のように，消費者は1つの商品だけを選別して，商品探索・購買意思決定を行っているだけではなく，他社の機種を参照し，その機種を特定の機種を理解する概念として使用することで特定の機種を理解していることがわかる（図7.4）．

　つまり，消費者は，表7.1のように，個々の商品が実現している機能や性能に沿って商品を理解する一方で，表7.2〜7.7のように，他の機種との関係の中で商品を理解しているのである．このような消費者による商品理解は，通常であれば，他者にはブラックボックスとなっている．しかし，本章で用いた方法（ここでは「テキストマイニングにおける三角測量分析」と呼ぶ）は，消費者が記したテキストデータ（掲示板の情報だけではなく，ブログや，アンケート情報なども含む）を用いて，完全ではないものの，それに近似する情報を得ることを可能にする．第5章で見た後処理をいかに丹念に行うかによって，完全にとまではいかない

第7章 普及過程で連続的に変化する意味

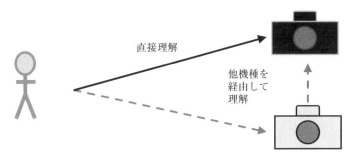

図7.4 消費者による他機種を経由した商品理解

までも，かなりの程度消費者の意見を可視化することは可能である．

7.6 テキストマイニングにおける三角測量分析の方法

「テキストマイニングにおける三角測量分析」は，メーカーの新商品や新サービス開発，現在提供している商品やサービスの状況の分析においても有用な情報を探索する手がかりとなる．つまり，自社が開発する商品の性能や価値だけに集中するのではなく，またライバル機種そのものだけを調査するのではなく，ライバル機種から見た自社の機種，さらにはさまざまな機種から見た自社の機種や他社の機種という観点で自社の機種あるいは他社の機種を分析することを可能にする．以上から，本章が採用した方法は，メーカーの商品開発過程においても，消費者の意見や，イノベーションの方向を可視化する方法として1つのツールとなり得ると考え，以下に本章で行った「テキストマイニングにおける三角測量分析」についてその手順を示す．

分析は下記の手順で行われる．

手順1：テキストデータの取得
手順2：テキストデータの整形

7.6 テキストマイニングにおける三角測量分析の方法

手順3：テキストマイニングソフトへの登録と前処理
手順4：抽出語リストの作成とそれにもとづく機種間参照関係図の作成
手順5：特徴的な参照関係の抽出と関連語探索

以下では，この手順を詳細に見ていく．

手順の1〜3は第6章と同じ方法でなされているので，以下では手順4〜5の詳細を見ていく．

手順4：抽出語リストの作成とそれにもとづく機種間参照関係図の作成

KH Coderには標準機能として階層的クラスターや共起ネットワークを描画する機能が備わっており，これらを使用するだけでも，消費者などによる商品への意味づけに関する分析などを行うことができる．

本章では，機種間の参照関係に注目するために，これらの分析機能は使用せず，抽出語リストの作成を行った．抽出語リストとは，登録したデータの形態素解析結果が品詞別に出現度数一覧表として出力されたものである．これを見ることで，登録データの中でどのような語が，どのような頻度で使用されているのかを知ることができる（表7.1は抽出語リストを加工したものである）．本章では160機種が分析の対象となったことから，この一連の流れを160回行った．

手順5：特徴的な参照関係の抽出と関連語探索

次に，これら抽出語リストをもとに，機種間の参照関係を調べ，図7.1のような参照関係図を作成する．参照関係は図7.2にあるように10の形態が存在する．本章では，hとjに注目して分析を行ったが，同一メーカー内の機種における消費者の意味づけの変化などに注目する際には，c, d, e, fに注目することになる．また，本章ではhとjの参照関係の中でも，複数の機種とhとjの参照関係のある機種だけを次の分析の対象としたが，単一の参照関係のものも調べる価値はある．

第 7 章　普及過程で連続的に変化する意味

　最後に参照する側の機種を KH Coder で開き，関連語探索機能を利用して，参照されている機種と共起する概念を調べる．表 7.2 で行った分析の場合には「Z4」のデータを KH Coder で開き，関連語探索機能を用いて「400」と共起する語を調べる．続けてこの分析を「F420」「F700」「T1」でも行い，それら各機種を分析してあらわれた結果をもとに，どのような概念が共通して共起しているのかを比較する．ここで共通して上位に登場する概念が優先概念である．

　以上が本章で行った分析の具体的な手順である．機種間の参照関係を描くという分析は，商品カテゴリーの発展を，それを形成する諸商品の歴史から描くことを可能にし，また，そこに登場する商品間の関係に注目することで，消費者による商品カテゴリーへの意味づけの変化を視覚的にとらえることを可能にする．

第 7 章の注釈

1) KH Coder はテキストマイニングを行うためのフリーソフトで，下記ホームページで入手可能である．http://khc.sourceforge.net/（最終確認日：2016 年 4 月 8 日）．
2) 本章では，価格.com (http://kakaku.com/) にある掲示板を利用した（最終確認日：2011 年 8 月 24 日）．価格.com は，多種多様な商品の情報を掲載するとともに，商品ごとの掲示板を設置し，ユーザー間の意見交換や情報共有に供している．
3) 以上の 2 つの方法は，どちらが優れているというものではない．人は「コンパクトデジタルカメラ」について知っていることで個々の機種を特徴のある，他とは違う魅力や機能をもった機種として認識することができる．他方で，個々の機種を日常の中で使用することで「コンパクトデジタルカメラ」に関する認識を再構成してもいる．つまり，上記 2 つの方法はこのような消費者の「コンパクトデジタルカメラ」に関する認識の構成過程を異なる側面から明らかにしようとする手法といえる．
4) 消費者が商品カテゴリーやそれぞれの機種にどのような意味を付与しているのかを知るためには動詞や形容詞など他の語にも注目する，つまり意味のネットワーク (Rumelhart & Norman, 1988) として分析する必要がある．動詞や形容詞を加えることによって，良い／悪いなどの評価，つまり消費者による価値づ

第 7 章の注釈

けが出現する．しかし，何を基準に価値づけや評価を行い，世界を切り出して理解しているのかを知るためには，つまり，消費者がどのような語によって商品を知覚し，認識しているのかを知るためには，名詞だけに注目することが適切だと考える．

5) プレテストを行った際，クチコミ件数が 500 件程度の場合は，1 件のクチコミのもつ影響が大きく，分析結果に大きな誤差が生まれる可能性が高いことがわかった．この問題に対処するため，本章では誤差に対する余裕を考慮してクチコミ件数が 2,000 件以上の機種に調査の対象を限定している．

6) 紙幅の都合上，本文中では略称を使用している．表 7.8 がメーカー名および正式名称との対応表である．

表 7.8 機種名一覧

省略名称	メーカー	正式名称
400	Canon	IXY DIGITAL 400
900IS	Canon	IXY DIGITAL 900 IS
920IS	Canon	IXY DIGITAL 920 IS
S1IS	Canon	PowerShot S1 IS
S90	Canon	PowerShot S90
Z4	Canon	EXILIM EX-Z4
F100	Fujifilm	FinePix F100fd
F200	Fujifilm	FinePix F200 EXR
F30	Fujifilm	FinePix F30
F31	Fujifilm	FinePix F31fd
F420	Fujifilm	FinePix F420
F700	Fujifilm	FinePix F700
P5000	Nikon	COOLPIX P5000
C-770	Olympus	CAMEDIA C-770 Ultra Zoom
FX07	Panasonic	LUMIX DMC-FX07
FX33	Panasonic	LUMIX DMC-FX33
FX37	Panasonic	LUMIX DMC-FX37
FZ10	Panasonic	DMC-FZ10
LX3	Panasonic	LUMIX DMC-LX3
R5	Ricoh	Caplio R5
R6	Ricoh	Caplio R6
R10	Ricoh	Ricoh R10
T1	Sony	Cyber-shot DSC-T1

7) 図 7.1 中の機種は，参照パターンが図 7.2 の a，b，c，d，e，f だけのものを除いている．

8) 本章では，参照率が 0.03 以上になる関係だけを抽出し，調査の対象としている．このような参照率による抽出は，対象の規模が小さい場合におこる偏りを除く

ためである．参照率の算出方法は，参照率＝参照機種出現クチコミ件数／当該機種クチコミ件数，である．なお，Takeoka et al.(2014)と竹岡他(2014)では参照率を次のように算出していた．参照率＝延べ参照機種名出現回数／延べ出現単語数．しかし，本章では算出の方法を変えている．Takeoka et al.(2014)と竹岡他(2014)で採用した算出方法では，一件のクチコミの中で複数回，同じ機種名が登場するような場合には，その機種に関する言及件数以上に大きな参照率となってしまっていた．この問題を回避するために，今回は上記算出式を用いている．なお，このような算出方法の違いから，図7.1ではTakeoka et al.(2014)および竹岡他(2014)とは異なる参照関係が描かれており，またTakeoka et al.(2014)と竹岡他(2014)ではベンチマーク機種の候補として登場した「TZ7」が，本章では候補として挙がっていない．

9) 例えば，図7.1では，2001年下半期に発売された「OLYMPUS CAMEDIA C-40ZOOM(C40)」から「CANON Power Shot S40(S40)」への矢印が描かれているが，これは「C40」のクチコミの中で「S40」という概念が，参照率0.03以上(参照率=0.0368)で登場していることを意味している．

10) 図7.1中では2001年以降に発売された機種しか描かれていないが，これはクチコミ件数2,000件以上かつ，他メーカーの機種を参照している，あるいは他メーカーの機種から参照されている機種がそれ以前には存在しないためである．

11) Engel, Kollat, Blackwell (EKB)modelは，消費者行動を，問題認識，情報探索，選択代案の評価，購買，購買後の評価の5段階からなるものとしている．

12) このような評価は購買意思決定以前だけのものではなく，購入後にも行われている．

13) 以下では世代という表現を使用している．世代は，同一年の1月から6月に発売された機種と7月から12月に発売された機種をそれぞれに同一の世代としている．

14) ブランドパーソナリティは誠実さ，興奮，能力，洗練性，丈夫さから構成され，消費者はこれらの組合せによってブランドを想起する(Hoyer & MacInnis, 2008)．

15) 本来であれば，図7.3のiとjに注目したいが，以下の分析ではjにのみ注目している．これは，iの参照を複数もつ機種が存在しないためである．iの参照を複数もつ機種の場合には，今回のjの参照を複数もつ機種に関する結論とは異なる結論が得られると考えている．

16) 共起関係の強さを測る指標として，Jaccard係数の他にも，共起頻度，simpson係数などがある．これらの指標の中から，本章では最も一般的に使用されているJaccard係数を使用する．

17) 本章では調査の対象からベンチマーク機種と呼ぶが，この概念の対象となるものは商品だけではない．つまり，サービスなども他社との比較の中でベンチマークされるものと考えられ，ベンチマークサービスというものもあると考えられる．

第 7 章の参考文献

[1]　御領謙(1993)「知識の表象」, 御領謙, 江草浩幸, 菊地正編『最新 認知心理学への招待 - 心の働きとしくみを探る』, サイエンス社, pp. 141-172.

[2]　竹岡志朗, 高木修一, 井上祐輔 (2014)「テキストマイニングを用いたイノベーションの普及分析」,『日本情報経営学会誌』, Vol.35, No.1, pp.72-86.

[3]　那須川哲哉, 河野浩之, 有村博紀(2001)「テキストマイニング基盤技術」『人工知能学会誌』, Vol.16, No.2, pp.201-211.

[4]　Aaker, J. L. (1997). "Dimensions of Brand Personality", *Journal of Marketing Research*, No.34-3, pp.347-356.

[5]　Callon, M. (2004). "The role of hybrid communities and socio-technical arrangements in the participatory design",『武蔵工業大学環境情報学部情報メディアセンタージャーナル』, 第 5 号.

[6]　Engel, J. F., Kollat, D. T. and Blackwell, R. D. (1973). *Consumer Behavior (2nd ed.)*, Chicago, Holt, Rinehart and Winston marketing.

[7]　Gibson, J. J. (1979). *The ecological approach to visual perception*, Houghton Mifflin Company. (邦訳)J・J・ギブソン著, 古崎敬, 古崎愛子, 辻敬一郎, 村瀬旻 訳(1985)『ギブソン 生態学的視覚論』, サイエンス社.

[8]　Hoyer, W. D. and MacInnis, D. J. (2008). *Consumer Behavior fifth edition – international edition*, Cengage Learning.

[9]　Hutchins, E. (1993). "Learning to navigate," Chaiklin, S. and Lave, J. (eds.) *Understanding practice*, Cambridge University Press, pp.35-63.

[10]　Latour, B. (1987). *Science In Action : How to follow scientists and engineers through society*, Harvard University Press.

[11]　Pea, R. (1993). "Practice of distributed intelligence and designs for education" Salomon, G. (eds.)*Distributed cognition*, Cambridge University Press, pp.47-87.

[12]　Rogers, E. M. (2003). *Diffusion of Innovations (5th ed.)*, The Free Press.

[13]　Rumelhart, D. E. and Norman, D. A. (1988). "Representation in memory," Atkinson, R. J., Herrnstein, R. J., Lindzey, G., and Luce, R. D. (eds.)*Steven's handbook of experimental Psychology*, Vol. 2, John Wiley and Sons, pp.511-587.

[14]　Takeoka, S., Inoue, Y., Takayanagi, N., Takagi, S. and Ota, M. (2014). "The analysis of innovation diffusion on the basis of social constructivism with the use of text mining,"『日本情報経営学会誌』, Vol.34, No.3, pp.115-137.

[15]　Wertsch, J. V. (1998). *Mind as action*, Oxford University Press. (邦訳)ジェームズ・V・ワーチ著, 佐藤公治, 黒須俊夫, 上村佳世子, 田島信元, 石橋由美訳(2002)『行為としての心』, 北大路書房.

第8章
イノベーションの普及過程における非連続性と連続性
－テキストマイニングにおける話題分析－

8.1 イノベーションにおける主観的な非連続性と連続性

　本章では，イノベーションの普及過程で生じる非連続性と連続性に焦点をあてる．イノベーションの非連続性に関する研究としては，第1章で見た Schumpeter (1961) における古い均衡点から新しい均衡点への移行や，Dosi (1982) の急進的なイノベーション，Christensen (1997) の破壊的イノベーション，Foster (1986) の労力や時間と技術的なパフォーマンスの関係の推移モデルなどがある．

　これらに対し，我々が採用するインターネット上のクチコミ掲示板のテキストマイニングは，消費者の認知という観点からイノベーションの普及過程を描き出すことを可能にする(竹岡他，2014)．この手法を用いることで，消費者が認識している商品やサービスに対しての主観的な意味での非連続性と連続性を明らかにすることが可能となる．以下では，消費者の認知にもとづいてイノベーションの普及過程における非連続性と連続性を明らかにするために，クチコミとして書き込まれた「話題」の特定，抽出，比較という分析を行っていく．

8.2 分析の方法と対象
－携帯電話に関するクチコミ情報－

　本章では，インターネット上のクチコミ掲示板「価格.com」に掲載された掲示板利用者の携帯電話に関するクチコミ情報を分析する．対象の選択理由は，第一に，数多くの企業，消費者などが普及過程を促進す

るアクターとして参加し，活発に新商品開発や使用，意見交換がなされている点，第二に，分析に使用するテキストデータが数多く入手可能な点である．

分析対象として携帯電話を選択するにあたっては考慮しなければならないことがある．それは，「携帯電話」の普及を対象とするのか，それとも「フィーチャーフォン」の普及の後に，新たに「スマートフォン」の普及過程が始まったとするのか，という点である．この点に関しては，分析の中でこれら両者を統一的に論じるのか，あるいは分けて論じるのかを検討する．

利用したデータは，2001年から2013年の秋に発売された全1,358機種中，1機種あたりのクチコミ件数が2,000件以上の159機種，合計877,285件のクチコミである[1]．

以下の分析にはテキストマイニング用ソフトウェア「KH Coder」，データベース管理ソフトウェア「Microsoft Access」，統計解析ソフトウェア「IBM SPSS Statistics」を使用している．

8.3 携帯電話における普及プロセスの分析

8.3.1 携帯電話の普及過程に関する分析

分析にあたって，第7章のテキストマイニングの手法を採用し，それをもとに機種間参照関係図の作成を行った(図8.1)．

機種間参照関係図とは，ある機種のクチコミの中で，一定以上の割合で登場する別の機種への言及を機種間の参照関係として図示したものである．例えばAという機種の中でBという機種への言及が，A機種全クチコミの中で1%[2]以上ある場合に，参照関係を図示する．これを調査対象となっている全機種にわたって行う．この図を作成することで，消費者がどのような機種に注目し，どのような機種が普及過程において重要な役割を果たしているのかを，消費者の認知にもとづいた機種

第 8 章　イノベーションの普及過程における非連続性と連続性

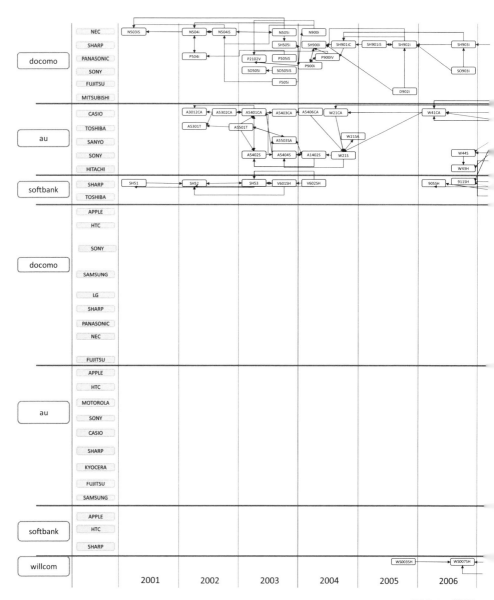

図 8.1　機種

8.3 携帯電話における普及プロセスの分析

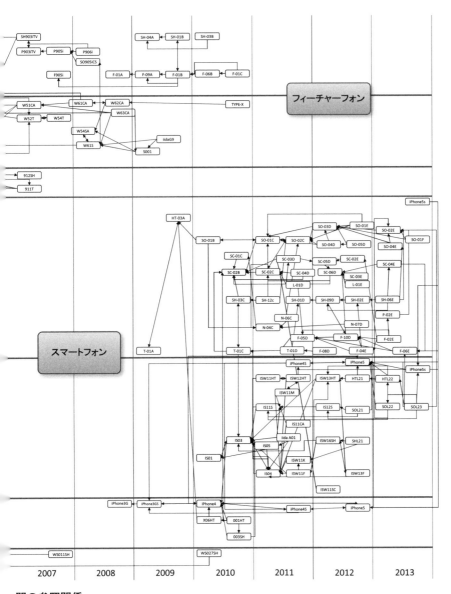

間の参照関係

第 8 章　イノベーションの普及過程における非連続性と連続性

間の関係の中で可視化することができる[3]．この図を作成した結果，図 8.1 にあるように，フィーチャーフォンとスマートフォンの間では参照関係が存在せず，明確な分離が確認された．つまり，フィーチャーフォン内での参照関係およびスマートフォン内での参照関係は存在するにもかかわらず，フィーチャーフォンからスマートフォンへ，反対にスマートフォンからフィーチャーフォンへの参照は見出せなかった．このことから，携帯電話の普及過程において，消費者はフィーチャーフォンとスマートフォンを異なるもの，比較の対象とはならない，非連続なものと認識していることがわかった．このように，「フィーチャーフォン」と「スマートフォン」の差異を考慮して普及過程を考察することの重要性がうかがえることから，本研究では，「フィーチャーフォン」と「スマートフォン」を分けた上での分析と，その結果についての考察を行う．

8.3.2 「話題」の出現頻度の比較による非連続性と連続性の分析

前項では，フィーチャーフォンとスマートフォンが非連続的なものとして消費者に認知されていることが分かった．次に，クチコミ掲示板に書き込まれている「話題」の出現頻度という観点から消費者の認識を分析し，フィーチャーフォンとスマートフォンの間にある非連続性と連続性を明らかにする．

それぞれの機種ごとに頻出語（名詞）上位 50 語を抽出すると，表 8.1 のように「購入」や「使用」といった一般的に使用される語だけではなく，「メール」や「バッテリー」「カメラ」といった語も，フィーチャーフォン，スマートフォンの区別なく多数の機種で出現している[4]．

表 8.1 の集計の結果から，フィーチャーフォン・スマートフォンの区別なく，多数の語が共通して頻出していることがわかる．しかし，語の意味は文脈依存的なものであるため，それら諸語に同じ意味が充当されているとは限らない．つまり，共通する語が頻出しているからといって，共通の話題がフィーチャーフォンとスマートフォンで書き込まれて

表 8.1 各機種上位出現語

	出現語	出現数
1	購入	159
1	自分	159
1	使用	159
4	機種	158
4	メール	158
4	お願い	158
7	情報	157
7	設定	157
9	表示	155
10	機能	154
11	対応	152
12	画面	149
13	確認	146
14	ＰＣ	145
15	端末	140
16	バッテリー	137
17	ドコモ	135
18	質問	133
18	参考	133
20	携帯	127
21	機種変	124
21	状態	124
23	方法	120
24	電話	111
25	感じ	100
26	アプリ	98
27	交換	95
28	ＡＵ	94
29	本体	90
30	ショップ	87

いるとは限らない．そこで，本章では，単純に出現語をフィーチャーフォンとスマートフォン間で比較するのではなく，共起関係にもとづいてコード化された「話題」を抽出し，話題の出現頻度を比較することで非連続なイノベーションという現象にアプローチする．「語」ではなく「共起する語」からなる「話題」を比較する理由としては，共起する語

第8章　イノベーションの普及過程における非連続性と連続性

が増えれば増えるほど解釈の余地が狭まるため，語に充当される意味の共通性が近似する可能性が高くなるためである．

共起関係の強さと構成から43の「話題」がコード化された．表8.2がコード化された43話題とそのコーディングルールである．例えば，「メール送受信」という話題の場合，一件のクチコミの中に，「メール」とともに受信，送信，あるいは送受信という語が含まれていれば，「メール送受信」に関する話題が書き込まれていると判断しカウントするというものである．このようにコーディングルールを作成し，それぞれのクチコミをコード化，抽出することで，一貫したルールのもとに，どのような話題が書き込まれているのかを定量的に比較，調査することができる．なお表8.2中カギカッコ書きは，複数の語を1つの語として扱っていることを意味し，「メール」の場合には，メール，GMAIL，SPメールが含まれている．このようなカテゴリー化については表8.3に示す．

次に，43のコーディングルールをすべてのクチコミに適用し，それぞれのクチコミで書きこまれた話題を抽出したのちに，それぞれの話題の出現率を機種ごとに集計した．

これら出現割合のフィーチャーフォンとスマートフォンにおける平均をそれぞれに集計し，これらを比較した(表8.4)．F(フィーチャーフォン)平均・S(スマートフォン)平均がそれぞれの出現率の平均であり，差が出現率の差を示している．表中では，左上の話題から右下の話題に向けて出現率の差が低くなるように並べている．

フィーチャーフォンとスマートフォンにおける各話題の出現率を比較したところ，出現率で2倍以上の差がある話題，つまり話題に非連続性があると考えられる話題が16，出現率が2倍以内の話題が27であった(表8.4中，平均値比較法：差の網掛け)．

同じく表8.4中におけるU検定は，フィーチャーフォンとスマートフォン間の比較をマン・ホイットニーのU検定(Mann–Whitney U test)において行った結果である[5]．この方法においては，統計的に有

8.3 携帯電話における普及プロセスの分析

表 8.2 話題一覧 [6]

話題	構成概念
不具合対応	{「不具合」∪ 端末 ∪ 本体} ∩ {交換 ∪ 修理 ∪ アップデート ∪ 改善}
携帯契約	{「キャリア」∪「ショップ」} ∩ {「携帯契約」∪ 予約 ∪ 契約 ∪ 解約}
価格	{価格 ∪ 値段} ∩ {高い ∪ 安い}
予約	予約 ∩ 入荷
着信音設定	「着信音」∩ 設定
着信音ダウンロード	「着信音」∩ ダウンロード
音楽・動画再生	{「音楽・動画」∪ MP3} ∩ {再生 ∪ 見る ∪ 聴く}
カメラ性能	カメラ ∩ {画質 ∪ 画素}
写真・動画撮影	{「写真・動画」∪ カメラ ∪ デジカメ} ∩ {撮影 ∪ 撮る}
写真・動画再生	{「写真・動画」∪ カメラ ∪ デジカメ} ∩ {再生 ∪ 見る}
写真・動画保存	[{「写真・動画」∪ カメラ ∪ デジカメ} ∩ 保存] / {「メモリカード」∪ PC}
ファイル PC 保存	{「ファイル」∪「写真・動画」} ∩ PC ∩ {接続 ∪ 転送 ∪ 保存 ∪ コピー}
PC ケーブル接続	PC ∩ 接続 ∩ {USB ∪ ケーブル}
メモリカード保存	「メモリカード」∩ {「ファイル」∪「写真・動画」} ∩ 保存
電波対応	「電波規格」∩ 対応
無線 LAN	「無線 LAN」∩ {接続 ∪ 設定}
BLUETOOTH 接続	BLUETOOTH ∩ 接続
通話・メール	通話 ∩「メール」
メール設定	「メール」∩ 設定
メール送受信	「メール」∩ {受信 ∪ 送信 ∪ 送受信}
OS アップデート	「OS」∩ {アップデート ∪ 更新}
アプリ・アップデート	「アプリ」∩ {アップデート ∪ 更新}
アプリ設定	「アプリ」∩ 設定
アプリ・インストール	「アプリ」∩ {インストール ∪ ダウンロード ∪ 入れる}
通話エリア	{「電波規格」∪「キャリア」} ∩ エリア
サイト見る	サイト ∩ 見る
ダウンロード	サイト ∩ ダウンロード
意見交換	{スレ主 ∪ スレ ∪ ログ ∪ レス ∪ 書き込み} ∩ {参考 ∪ 質問 ∪ 見る ∪ 書く ∪ 読む}
画面表示	画面 ∩ 表示
表示設定	{画面 ∪ 表示} ∩ 設定
設定変更	設定 ∩ 変更
バッテリー持ち	バッテリー ∩ 持つ / {充電器 ∪ 予備}
バッテリー充電	バッテリー ∩ 充電
バッテリー・電源	バッテリー ∩ 電源
ワンセグ	ワンセグ ∩ {録画 ∪ 見る}
設定確認	設定 ∩ 確認
レスポンス	レスポンス ∩ {良い ∪ 悪い}
電話帳登録	電話帳 ∩ 登録
入力操作	「入力装置」∩ {入力 ∪ 操作}
文字入力	文字 ∩ 入力
画面・文字	画面 ∩ 文字
再起動	再起動 ∩ 電源
電源入切	電源 ∩ {入れる ∪ 切る}

133

表 8.3 概念のカテゴリー化

カテゴリー	構成概念
OS	OS, IOS, KCP, ANDROID
キャリア	キャリア, AU, ドコモ, SOFTBANK, WILLCOM, Jフォン, VODAFONE
携帯契約	新規, 機種変, MNP
ショップ	ショップ, AUショップ, ドコモショップ, SOFTBANKショップ, APPLEストア, オンラインショップ
着信音	着信音, 着メロ, 着うた
電波規格	3G, FOMA, MOVA, WIMAX, LTE, CDMA, WCDMA, WIN, XI
入力装置	キー, キーボード, タッチパネル, ボタン
不具合	不具合, 症状, 不良品, 初期不良
音楽・動画	音楽, 動画
無線LAN	WIFI, 無線LAN
メモリカード	メモリカード, SD, SDカード, ミニSD, マイクロSD, メモリスティック
メール	メール, GMAIL, SPメール
アプリ	アプリ, ソフト, ソフトウェア
ファイル	ファイル, データ, フォルダ
写真・動画	写真, 画像, 写メ, 動画, ムービー

意な差となる $P<0.01$ となる話題,つまり話題の出現率に明確な差がある話題が 31,明確な差のない話題が 12(表 8.4 中,U 検定・有意確率の網掛け)であった.

8.4 分析結果からの考察

 以上,携帯電話における機種間の参照関係を分析し,その後にフィーチャーフォンおよびスマートフォンにおける出現話題の割合を比較した.参照関係の分析(図 8.1)からは,フィーチャーフォンとスマートフォンの間には明確な違いがあることが示され,出現率の比較と統計的手法から両者間の非連続性の源泉となっている話題が明らかになった(表 8.4).出現率に大きな差,あるいは統計的に有意な差が確認できた話題が,消費者の認知におけるフィーチャーフォンとスマートフォンの

8.4 分析結果からの考察

表 8.4　出現割合 [7)]

		無線 LAN	OS アップデート	アプリ設定	アプリ・インストール	アプリ・アップデート	カメラ性能	着信音ダウンロード
平均値比較法	F 平均	0.2%	0.1%	0.2%	0.3%	0.1%	1.0%	0.4%
	S 平均	2.6%	1.1%	1.7%	2.4%	1.0%	0.3%	0.1%
	差	11.6	10.9	9.8	8.9	6.5	4.1	3.9
U 検定	有意確率	0.000	0.000	0.000	0.000	0.000	0.000	0.000
		P < 0.01	P < 0.01	P < 0.01	P < 0.01	P < 0.01	P < 0.01	P < 0.01

		再起動	レスポンス	予約	価格	通話エリア	設定確認	写真・動画撮影
平均値比較法	F 平均	0.2%	0.6%	0.3%	1.7%	0.3%	0.6%	2.5%
	S 平均	0.6%	0.2%	0.8%	0.7%	0.7%	1.4%	1.1%
	差	3.1	2.8	2.6	2.5	2.4	2.4	2.3
U 検定	有意確率	0.000	0.000	0.005	0.000	0.000	0.000	0.000
		P < 0.01	P < 0.01	P < 0.01	P < 0.01	P < 0.01	P < 0.01	P < 0.01

		電波対応	ワンセグ	バッテリー充電	バッテリー・持つ	写真・動画保存	メール設定	設定変更
平均値比較法	F 平均	0.4%	0.9%	1.0%	1.2%	0.5%	1.4%	0.5%
	S 平均	1.0%	0.4%	1.9%	2.1%	0.3%	2.4%	0.9%
	差	2.2	2.2	1.9	1.8	1.8	1.8	1.7
U 検定	有意確率	0.000	0.090	0.000	0.000	0.000	0.000	0.000
		P < 0.01	P > 0.05	P < 0.01	P < 0.01	P < 0.01	P < 0.01	P < 0.01

		不具合対応	表示設定	バッテリー・電源	ダウンロード	PC ケーブル接続	写真・動画再生	BLUETOOTH 接続
平均値比較法	F 平均	3.5%	1.7%	0.2%	0.4%	0.3%	2.9%	0.3%
	S 平均	5.8%	2.9%	0.4%	0.3%	0.5%	1.9%	0.4%
	差	1.6	1.6	1.6	1.6	1.6	1.6	1.4
U 検定	有意確率	0.000	0.000	0.000	0.000	0.000	0.000	0.000
		P < 0.01	P < 0.01	P < 0.01	P < 0.01	P < 0.01	P < 0.01	P < 0.01

		ファイル PC 保存	電源入切	音楽・動画再生	入力・操作	画面・文字	メモリカード保存	意見交換
平均値比較法	F 平均	1.0%	0.6%	2.1%	1.4%	0.4%	0.7%	3.2%
	S 平均	0.8%	0.9%	1.6%	1.1%	0.3%	0.6%	3.7%
	差	1.4	1.4	1.3	1.3	1.3	1.3	1.2
U 検定	有意確率	0.000	0.000	0.137	0.074	0.023	0.008	0.002
		P < 0.01	P < 0.01	P > 0.05	P > 0.05	0.01 < P < 0.05	P < 0.01	P < 0.01

		着信音設定	携帯契約	メール送受信	通話・メール	画面表示	電話帳登録	文字入力
平均値比較法	F 平均	0.6%	3.8%	2.4%	0.7%	1.5%	0.3%	0.6%
	S 平均	0.6%	4.2%	2.6%	0.7%	1.5%	0.3%	0.6%
	差	1.1	1.1	1.1	1.1	1.1	1.1	1.1
U 検定	有意確率	0.181	0.388	0.513	0.014	0.112	0.101	0.874
		P > 0.05	P > 0.05	P > 0.05	0.01 < P < 0.05	P > 0.05	P > 0.05	P > 0.05

		サイト見る
平均値比較法	F 平均	0.7%
	S 平均	0.7%
	差	1.0
U 検定	有意確率	0.288
		P > 0.05

第 8 章 イノベーションの普及過程における非連続性と連続性

非連続性の源泉と考えられる.

他方,出現話題の比較では,全43話題すべてがフィーチャーフォンとスマートフォン,両クチコミ中で登場しており,その中でも27の話題で出現割合に2倍以上の差はなかった.また,U検定によって比較した結果においても12話題が同程度の出現率の話題と考えられるという結果であった[8].これらの話題は消費者が非連続性を感じていない話題,非連続なイノベーションに存在する連続性と考えられる.

非連続なイノベーションにおける連続性を検討すると,①出現する話題の出現率に差がないものがある,②出現率に差のある話題であっても,出現率が変化しているのであって,まったくなかった話題が出現しているのではない,ということがわかる.

以上から,携帯電話におけるフィーチャーフォンとスマートフォンには,機種間の参照関係から明確な非連続性が存在する一方で,話題を分析すると,それらの間には多くの連続性も存在することがわかった.ここまでの分析結果を整理すると次のようになる.フィーチャーフォンからスマートフォンへ,反対にスマートフォンからフィーチャーフォンへの参照が見出せないということは,消費者がフィーチャーフォンとスマートフォンを比較の対象とはならない非連続なものと認識していることを意味する.しかし同時に,フィーチャーフォンとスマートフォン,それぞれのクチコミにおいて,共通の話題の出現が確認でき,消費者の認識に連続性が存在していることも確認できた.イノベーションの普及においては,非連続性だけではなく,こうした消費者の認識における連続性も,イノベーションの推進者が注目していくべきものであるといえる.

8.5 テキストマイニングにおける話題分析の方法

　本研究が採用した「テキストマイニングによる話題分析」の方法は，第6章で見た「共起ネットワーク分析」，第7章で見た「テキストマイニングにおける三角測量分析」と同様に，実務家が商品開発を行う過程で，消費者の情報を扱う際にも有用な方法と考えられる．商品カテゴリーの発展の中で，どの様なことが話題としてあがっているのか，その傾向がどのように変化しているのかを知ることで，商品開発過程において，これまでとは異なる形による消費者の意見の可視化が可能になると考えられる．

　分析は下記の手順で行われる．

手順1：テキストデータの取得
手順2：テキストデータの整形
手順3：テキストマイニングソフトへの登録と前処理
手順4：コーディングルール作成のための語の抽出
手順5：コーディングルールの作成
手順6：出現率の算出

　手順1～3は第6章と同じ方法でなされているので，以下では手順4～6の詳細を見てゆく．

手順4：コーディングルール作成のための語の抽出
　コーディングルールの作成における第1段階は，機種ごとの頻出語の抽出である．ここで全機種をひとまとめにし，全体の頻出語を抽出するのではなく，機種ごとに頻出語を抽出する理由としては，流行や技術の発展とそれによる新技術への移行などが原因となる出現語の偏りを回避し，かつ機種ごとの特徴をできる限りそのままの形で残しておくことを

意図したためである．

　本章の場合には，159機種が対象となっており，機種ごとに上位50語（名詞）[9]計7950語が抽出され，重なり語を除いた結果568語が残った．次に，この568語の中から5機種以上で登場している171語を抽出する．これは出現回数のあまりに少ない語は，それを機種間で比較しても十分な結果が得られないためである．最終的には，この171語に加えて，ここで残った語と類似する語を加えてコーディングルールを作成する対象語を選択する．例えば，本章では「SD」「SDカード」「ミニSD」「マイクロSD」という語が5機種以上で出現しているが，これらと類似する「メモリースティック」や「メモリーカード」は，5機種以上では出現していない．本章では，これら「SDカード」や「ミニSD」「メモリースティック」がそれぞれ異なる話題を構成する語と考えるのではなく，1つの「メモリーカード」に関する話題と考え，これらもコーディングルールを作成する対象語とした．結果，対象語としては197語が選択された．

手順5：コーディングルールの作成

　コーディングルールを作成するために，先に選択された197語と共起する語を調べる必要がある．本章ではKH Coderの関連語探索機能を用いて，機種ごとに197語と共起する上位10語を抽出した[10]．これによって延べ1970の共起関係が抽出される．次にこの中から上位出現共起関係を選択し，合計共起数が多いものをコーディングルールとして採用する．なお，上位出現共起関係の共起数が多い場合には，再度それらの語と他の語との共起関係を，関連語探索機能を用いて抽出し，それをコーディングルールとする．

　例えば，表8.2の「価格」という話題を見ると，コーディングルールは「{価格 ∪ 値段} ∩ {高い ∪ 安い}」となっている．これは「価格」あるいは「値段」という語と「高い」あるいは「安い」とい

う語が同一のクチコミの中で出現しているという意味である．このとき，「価格」と「高い」「安い」が，また「値段」と「高い」「安い」の共起率が高いことから，「価格」あるいは「値段」と「高い」あるいは「安い」という形でコード化している．

また，この段階で，手順4の「メモリーカード」「SD」「SDカード」「ミニSD」「マイクロSD」「メモリースティック」のような類似語のカテゴリー化（表8.3）も行う．

手順6：出現率の算出

出現率の算出は，コーディングルールにあてはまるクチコミ件数を各機種の全クチコミ件数で除算することで行われる．例えば，クチコミ件数が3365件あるauのiPhone5sでは，「不具合対応」という話題と「携帯契約」という話題にあてはまるクチコミが，それぞれ58件，490件あった．これらから，出現率は「不具合対応」が1.7%，「携帯契約」14.6%となる．

手順5まではKH Coderを使用して分析を行ってきたが，この出現率の分析においては，本章ではデータベース管理ソフトウェア「Microsoft Access[11]」を用いている[12]．Microsoft Accessで使用するデータは手順1，2で整形したクチコミデータではなく，KH Coderによって形態素解析されたデータである[13]．KH Coderによって形態素解析されたデータは「文書×抽出語」の表の出力機能を使って出力することができる．このデータをMicrosoft Accessにインポートし，コーディングルールに沿ってクエリを作成の上，それぞれの話題の出現回数を算出する．ここで得られたデータをもとに出現率が算出される．

以上が本章で行った話題分析の手順である．このようにクチコミなどのデータ全体にわたって共通したコーディングルールを用いて話題の出現率を分析することで，調査の対象となっている商品カテゴリーなどの

第 8 章　イノベーションの普及過程における非連続性と連続性

中で，どのような話題が，どの程度の頻度で出現しているのかを調査し，その出現率の経時的変化から，消費者によって形成されている意味やその意味の変化を明らかにすることができる．

第 8 章の注釈

1) 第 7 章と同様に分析結果に生じる誤差を考慮した結果である．
2) 参照率の計算には第 7 章と同じものを用いているが，第 7 章では参照率 3% 以上を図示し，本章では 1% 以上を図示している．これは，クチコミの傾向の違いによって描画される参照関係の相違を勘案したものである．
3) 機種ごとの頻出語を調査すると，その中に他機種が頻繁に含まれている．これは，消費者が特定の機種を認識・理解する際に，機能や価値などの機種自体がもつ特徴だけではなく，比較や参照という形で他機種を利用し，認識・理解を補助しているためである．
4) 表 8.1 において出現数が 159 の語は，分析対象となった 159 機種すべてのクチコミの中で上位出現 50 語以内に当該語が含まれていることを意味している．
5) マン・ホイットニーの U 検定は標本間に差が存在することを統計的に検討するものである．本文中では同一の話題と考えられるものが 12 としているが，発売時期の違いなど，本来であれば考慮すべき重要な変数を無視してしまうことになる．よって，この結果は，あくまでも可能性として考えるべきものである．
6) 本章では集合に関する表記法を用いている．A∩B は A と B ともに含まれるものを，A∪B は，A あるいは B が含まれるものを，A/B は A の中で B を含むものを除くということを，それぞれ意味している．
7) 表 8.4 中では平均値の比較とマン・ホイットニーの U 検定の結果が併記されている．フィーチャーフォンで出現しなかった話題がスマートフォンで出現するのであれば，それが非連続性の源泉と考えられるが，どのような話題もフィーチャーフォン・スマートフォンの別なく双方に出現している，つまり 0 か 1 かでは判断できない．そこで本研究では平均値比較法とマン・ホイットニーの U 検定を併用した．しかし，それぞれに十分ではない点もある．平均値比較法では，どの程度の差をもって非連続性を判断するのか，また U 検定においては，脚注 7 の問題である．そのため，本研究では両結果を併記し，総合的に判断することとした．結果の考察に関しては注釈 8) を参照．
8) 表 8.4 から，フィーチャーフォン・スマートフォン間にある連続性は，音楽動画再生，入力操作，画面・文字，着信音設定，携帯契約，メール送受信，通話・メール，画面表示，電話帳登録，文字入力，サイト見る，の 12 話題である．
9) 消費者がどのような概念によって商品を知覚・認識しているのかを知るために

名詞に注目した．なお，話題としてコーディングする際には形容詞や動詞なども含めている．
10) 第6章，第7章では共起関係の強さを測るために Jaccard 係数を用いたが，第8章では共起回数を用いている．これは最終的な目的が出現率という出現数にもとづいた全体の中の割合を求めることにあるためである．Jaccard 係数は共通して出現する語間の関係の排他的な強さを測るという点では有効なのだが，今回のように出現回数が重要な場合には十分ではない．その理由は以下のとおりである．
Jaccard 係数は次のように求められる．
Jaccard (S1, S2)＝｜S1 ∩ S2｜/（｜S1｜+｜S2｜-｜S1 ∩ S2｜）(S1, S2 はそれぞれ集合を表す).
上記式にもとづいて au の iPhone5s における「iOS」と「アップデート」の Jaccard 係数と「iOS」と「アプリ」の Jaccard 係数を計算すると，それぞれ 0.1244 と 0.1140 である．つまり，「iOS」と「アップデート」の共起関係のほうが強いことになる．しかし，共起数を見ると，それぞれ 24 と 39 であり「iOS」と「アプリ」の関係のほうが出現数が多い，つまり共起数が多いことになる（図 8.2）．このような共起関係の強さの逆転は Jaccard 係数が排他的共起関係の強さを測定している，つまり両語が互いの語のみと共起関係にある時，結果が高いものになることに由来する．以上から，本章では共起関係の強さを測定するに際しては Jaccard 係数ではなく，共起数にもとづいて序列している．

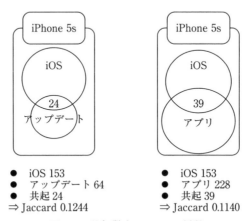

図 8.2 共起数と Jaccard 係数

11) 本章では Microsoft Access を用いているがデータ数の少ない場合には Microsoft Excel でも十分に可能である．少ないデータ件数で分析を行う場合に

はMicrosoft Excelでも十分であることから，手順6はExcelと読み替えても大きな問題はない．
12) コーディングルールが単純で少数の場合には，KH Coderを用いて集計するという方法で同様の分析ができるが，今回のように多数のコーディングルールがある場合，またコーディングルールの中に「特定の語がある場合には含まない」という処理が必要な場合には，他のソフトウェアを使用することによって煩雑な処理を回避できる．
13) ここで整形したクチコミデータではなく，形態素解析されたデータを用いる理由としては，整形したデータから分析を行う場合，あらためて何らかの方法で形態素解析をする必要があるということがあげられる．

第8章の参考文献

[1] 竹岡志朗，高木修一，井上祐輔 (2014)「テキストマイニングを用いたイノベーションの普及分析」,『日本情報経営学会誌』, Vol.35-1, pp.72-86.

[2] Christensen, C. M. (1997). *The Innovators Dilemma, When New Technologies Cause Great Firms to Fail*, Boston, MA：Harvard Business School Press.（邦訳）クレイトン・クリステンセン著，玉田俊平太監修，伊豆原弓 訳 (2001)『イノベーションのジレンマ－技術革新が巨大企業を滅ぼすとき 増補改訂版』, 翔泳社.

[3] Dosi, G. (1982). "Technological paradigms and technological trajectories - A suggested interpretation of the determinants and directions of technical change," *Research Policy*, 11(3), pp.147-162.

[4] Foster, R. N. (1986). *Innovation; the attacker's advantage*, New York NY：Summit.

[5] Schumpeter, J. A. (1961). *The Theory of Economic Development：An inquiry into profits, capital, credit, interest, and the business cycle*, Cambridge, MA：Harvard University Press.

[6] Takeoka, S., Inoue, Y., Takayanagi, N., Takagi, S. and Ota, M. (2014). "The analysis of innovation diffusion on the basis of social constructivism with the use of text mining,"『日本情報経営学会誌』, Vol.34, No.3, pp.115-137.

第9章

本書の結論と含意

9.1 結論

　本書では，イノベーションがどのように普及するのかという問いについて，イノベーションの普及とはどのような現象なのか，イノベーションの普及は，どのようにすれば可視化できるのかという点から検討を行った．

　第1章では，普及対象となる「イノベーション」概念を明確にするために，イノベーションに関する先行研究を検討した．そこでは，新商品や新サービスにかかわるイノベーション研究とそれらが普及していく過程について論じた普及研究があることを確認した．イノベーション研究では単一の商品やサービスの創造や普及だけが扱われていること，普及研究では，普及する商品やサービスが，その過程の最初から最後まで一貫して同一のものであるかのように扱われ，普及を構成するさまざまな商品やサービスの改善と改良に加え，普及が進む中で新たに形成され付与される意味や行為が捨象されてしまっている点を指摘した．したがって，イノベーションの普及を分析する視点として，イノベーションの普及がメーカーなど提供者側の意図や行為だけで生じるわけではなく，イノベーションの消費者側の視点からも検討する必要があると考えた．そこで，本書では，特定の商品＝イノベーションととらえず，多様な商品による同一商品カテゴリーの社会への普及をイノベーションの普及プロセスととらえ，消費者の商品カテゴリーの受容過程を分析の対象とすることにした．

　第2章では，既存のイノベーションの普及研究を類型化し整理することによって，先行研究における本研究の位置づけを明確にした．そこで

第9章 本書の結論と含意

は，普及要因（イノベーションの特性に関する研究，個人的あるいは組織的な採用者の特性に関する研究，環境の特性に関する研究）を整理したTidd (2011)の類型化に加え，近年重視されつつある普及過程で生じる媒介要因（普及の媒介，採用の媒介，伝播の媒介）を新たに追加し整理を行った．

　以上を踏まえ，第3章では，イノベーションの普及過程で生じる，イノベーションの意味づけの多様性を論じる先行研究の検討を行った．そこでは，イノベーションの普及研究のオーソリティであるRogers (2003)が，「イノベーションを利用する人たちは，新しいアイデアを使用することによって学習しながら，イノベーションに意味を与えることによって，イノベーションを形作っている」(pp.187-188)ととらえており，イノベーションの意味づけの研究の重要性を指摘していたことを確認した．しかし，Rogers (2003)の提示するイノベーションの意味づけを明らかにする方法も，結局のところ，分析者によるイノベーションの同定困難性という問題を免れることができないことを明らかにした．

　そこで，われわれは，イノベーションがどのように普及するのかという問いに対し，イノベーションの普及過程における普及対象の同質性の認知プロセスを明らかにするという視点からアプローチする研究戦略をとった．そのために，Strang and Meyer (1995)の議論をもとに，イノベーションの普及を，共通の文化的カテゴリーを異なる行為者が参照することによって生じ，個々の行為者が自らの実践に適応するように，その文化的カテゴリーに意味を充当していく絶えざる理論化のプロセスであると定義した．だが，この定義によって，分析者が，行為者による普及対象の同質性の認知を意味のレベルで同定することが困難であるため，行為者が使用する文化的カテゴリーの同一性から分析対象の同質性の認知を推定するというアプローチを導き出した．その上で，実践において行為者が使用する文化的カテゴリーを分析するためには，文化的カテゴリーを表象する記号表現（コトバ）に着目する必要性から，テキスト

マイニングによる分析の可能性を論じた．さらに，普及分析においてテキストマイニングを用いることは，経時的に蓄積されるテキスト群から，使用されている記号表現と，記号表現間の関係の構造を明らかにすることにより，特定の記号表現の集合である文化的カテゴリーの構成要素と，構成要素間の関係の構造の持続性と変化を明らかにすることであるといえることを指摘した．

　第 4 章では，文化的カテゴリーを表象する記号表現を分析する対象として，インターネット上のクチコミが適していると考え，インターネット上のクチコミ（electronic Word-of-Mouse：e-WOM）を分析するにあたり，記号表現が流通するメディアとしてのインターネットの特徴を検討した．インターネット上のクチコミは，「知り合いからのギフト」ではなく，「見知らぬ誰かの置き土産」として，従来のクチコミが情報とその伝播の過程の両方を意味していたのに対し，インターネット上のクチコミは発信者によって書きこまれ蓄積された情報そのものを意味する．したがって，書き込まれた情報を多くの人が閲覧できる可能性をもっているという点で，また情報が広がる規模という点でも，従来のクチコミとは異なる性質をもつ．また，澁谷 (2013) が述べるように，インターネット上のクチコミと呼ばれる現象は，自己がインターネット上で意見を述べている他者と自分を一方的に比較し，何らかの類似性を認知し判断し，帰納的推論を行ってその意見を自己の将来へとキャリーオーバーする過程である．そのため，評価サイトの商品レビューを参考にするために閲覧するなどの行為は，正確にはコミュニケーションではないということになる．したがって，インターネット上のクチコミでは，他者によって提示される情報がすべて自己の帰納的推論に用いられるわけではない可能性がある．加えて，吉見 (2013) が明らかにしたように，クチコミ媒体が異なれば，そこで書き込まれる単語に差異がある可能性がある．以上の e-WOM という媒体の特徴からも分析に際して，結果の一般化可能性には十分な考慮が必要となることを明らかにした．

第9章 本書の結論と含意

　第5章では，以降の各章で用いる分析方法としてのテキストマイニングについて概観し，テキストマイニングにおける一般的な分析方法の限界を確認した．

　第6～8章では，第1～4章までの先行研究および普及概念の検討にもとづいた分析を行った．第6～7章では，商品（機種）という文化的カテゴリー（本章では，各機種）を，消費者によって使用されている記号表現と，記号表現間の関係の構造の経時的な変化から明らかにするために，商品を意味づけるコトバに焦点を当てインターネット上のクチコミを対象に，テキストマイニングを用いて分析した．分析事例として日本のコンパクトデジタルカメラ市場を選び，インターネット上の商品価格情報サイト「価格.com」における掲示板利用者のクチコミ情報を分析対象とした．

　第6章では，ある特定の製品カテゴリー（デジタルカメラ）におけるカテゴリーを構成する記号表現（製品属性に関する語）の経時的変化を分析した．この分析では，価格.comにおける2001年から2011年までのデジタルカメラ各機種のクチコミを2年ごとに区切り，共起ネットワークを作成し，語のクラスターの変化を明らかにした．この分析では，2年区切りの年代ごとに，カテゴリーを構成する語が拡大していく側面と，カテゴリーを構成する語が入れ替わることで，カテゴリーがもつ意味が拡散していく側面があることを明らかにした．

　第7章では，第5章で明らかとなった分析上の注意点に考慮し，テキストマイニングを用いた分析方法として三角測量分析という方法を開発し用いた．三角測量分析とは，消費者による特定の製品機種の理解を，他の製品機種との関係の中で可視化する方法である．三角測量分析によって，機種間の参照関係を描くことは，商品カテゴリーの発展と，それを形成する諸商品の歴史を描くことを可能にし，また，そこに登場する商品間の関係に注目することで，消費者による商品カテゴリーへの意味付けの変化を視覚的にとらえることを可能にする．われわれの分析で

は，消費者によるデジタルカメラの認知において，複数の機種から比較対象とされる機種(「ベンチマーク機種」)が存在し時間の中でそれが変化することが確認できた．これに加え，2003年時点での「画質」と「手ブレ補正」から，2006年から2007年は「高感度」，2008年では「室内」と「広角」へと，多様な消費者によって共通して頻繁に参照されている語(「優先概念」)が変化していることが明らかとなった．

第8章では，頻出する共起関係を話題としてとらえ可視化するための分析手法，テキストマイニングにおける話題分析を開発し用いた．第9章では，各機種ではなく，商品カテゴリーを文化的カテゴリーととらえ，消費者による商品カテゴリーの認知における連続性と非連続性を明らかにした．分析事例として日本の携帯電話市場(フィーチャーフォンとスマートフォン)を選び，価格.comにおける掲示板利用者のクチコミ情報を分析対象とした．この分析は話題を特定することにより，旧カテゴリーと新カテゴリーとの関係(連続性と非連続性)を可視化することを可能にする．携帯電話におけるフィーチャーフォンとスマートフォンの関係に関するWeb上のクチコミについてのわれわれの分析では，フィーチャーフォンとスマートフォンの機種間の参照関係は見られないことから，消費者の商品認知における非連続性がみられることを明らかにした．しかし，その一方で，フィーチャーフォンとスマートフォンのクチコミにおいて登場する話題の出現率には差が見られない話題も多く存在することから，消費者の商品に対する認知に連続性が見られることを明らかにした．

9.2 理論的インプリケーション

次に，上述の内容を既存の研究とのかかわりの下で改めて検討することで，本書の理論的インプリケーションを整理しておきたい．

第9章　本書の結論と含意

9.2.1　イノベーションの普及研究に対して
(1)　普及過程で生じるイノベーションへの意味づけの変化

　イノベーションは，その普及過程で意味づけを変化させながら普及する．第1～2章で検討してきたように，これまでの普及研究では普及過程における商品の同一性が暗黙裡に仮定される傾向があった．しかし，第3章で示したように，イノベーションの普及には，さまざまな行為者がさまざまな目的をもちながらイノベーションに関与している．したがって，採用者や利用者によるイノベーションへの意味づけは，採用者が商品の採用の促進や決定する要因になることに加え，製造・販売にかかわる企業による物質的改善や改良を生み出す要因になるという意味でも，イノベーションの普及に重要な影響を与える．

　本書では第6～7章の分析で見てきたように，消費者はデジタルカメラというイノベーションにおいて，どのような機能を重視するのか，またどのような用途で使用するのかといった製品の意味づけを変化させながら，日常の実践の中でそれを使用していると考えられる．したがって，イノベーションの普及そのものも，イノベーションの創造と再創造のプロセスとして分析していく必要性があると考えることができる．

(2)　ミクロな実践への注目の必要性

　第2章で整理したように，従来のイノベーションの普及研究は，イノベーションの普及を製品やサービス，採用者，採用環境という普及の直接要因に帰属させてきた．これらの議論は，イノベーションの普及過程においてイノベーションの意味づけ（価値を含む）が一定であることを想定していた．他方で，普及の媒介要因に関する研究は，その意味づけが変化することを想定した理論展開を行っていた．第3章で検討したように，イノベーションの普及過程では，個々の採用者は自らの背後期待に従い記号表現を用い，記号表現に意味を充当し続ける．したがって，イノベーションの普及は個々の採用者が自らの実践に適応するように，

文化的カテゴリーに意味を充当していく絶えざる理論化のプロセスであるとともに，異なる採用者が異なる意味づけの下で共通の文化的カテゴリーを参照するプロセスでもある．そのため，普及分析においては，局所的な実践において特定の個々人が理論化するイノベーションの意味づけと，一般化可能な形で理論化されたイノベーションの意味づけを区別する必要がある．

(3) 商品カテゴリーの創造過程という意味での非連続なイノベーションにおける消費者の参照行動

従来のイノベーション研究およびイノベーションの普及研究では，商品カテゴリーそのものは，従来の製品との画期的な差異を強調することによって，イノベーションを説明してきた．しかし，そこでは，消費者の差異の認知というよりも，時として研究者による差異の認知によって，何がイノベーションであるかが同定されていた．これに対し，本書では，消費者による他の製品の参照行動における非連続性によって，商品カテゴリーの創造を根拠付けた．第8章の機種間参照図（図8.1）で明らかにしたように，スマートフォンのクチコミにおいて，フィーチャーフォンの各機種は参照されていなかった．したがって，スマートフォンは，従来の携帯電話であるフィーチャーフォンとはまったく異なるカテゴリーの製品として消費者に認知されていたことを示している．したがって，新たなカテゴリーを創造する「カテゴリー・イノベーション」（楠木・阿久津，2006）の同定方法として，クチコミにおける機種間参照図は有用であると考える．

(4) 非連続なイノベーションにおける消費者認知の連続性

これは，既存のイノベーション研究でも述べられていたように，イノベーションが急進的であれば，消費者はイノベーションを理解することが困難になる（例えば，Christensen, 1997）．したがって，本書のスマー

トフォンの事例でも，従来の製品の延長線上にイノベーションを位置づけることにより，イノベーションを理解することが確認された．

9.2.2 テキストマイニングを用いた Web 上のクチコミの分析方法に対して

(1) 概念間の参照関係を明らかにする三角測量分析

　従来，テキストマイニングを用いたクチコミ分析においては，共起ネットワークやクラスター分析が標準的な方法として使用されてきた．しかし，共起ネットワークやクラスター分析は，テキスト上に現れる共起関係を可視化する手法としては有用だが，頻出する共起関係を可視化することしかできない．つまり，頻出する共起関係を分析するという意図でしか使用できないという問題点があった．第7章でもちいた三角測量分析は，この問題を克服し，分析者が特定の基準点を設定し，その基準点を中心に分析することで，これまでとは異なる知見を得ることを可能にするものである．

(2) 出現話題の経時的，共時的比較分析を可能にする話題分析

　これまでテキストマイニングを用いて行われた分析は，その分析対象に限定された特徴を抽出するもの，あるいはその比較であることが多かったといえる．しかし，第8章で使用した話題分析は，商品カテゴリー全体のデータから共通して出現する話題を抽出し，それを経時的，共時的に分析することを可能にする．つまり，同一の商品カテゴリー内，あるいは商品カテゴリー間の話題の同質性／異質性を明らかにする方法だといえる．先の三角測量分析がプロセスの中で基準点や特異点を見つけ，それをつなぐことで全体を描写する方法であるとすれば，この話題分析は，プロセスのグラデーションから全体を描写する分析方法だといえる．

9.3 実践的インプリケーション

9.3.1 商品を語る言葉の選択

　第6章で示した共起ネットワークとクラスター分析の利用は，実際の購入・使用場面における判断基準の多様性を分析結果に取り込むことによって，消費者が商品を意味づける際に使用する（共起ネットワーク内の）語のクラスターを明らかにする．語のクラスターは，時間を経る中でクラスター内の語が増加したり，分離独立し，新たなクラスターを形成したりする．この共起ネットワーク内に現れるクラスターは，消費者による商品の意味づけの次元を把握するための手がかりとなるだけでなく，商品の開発や消費者への提示の仕方を示唆する．例えば，第6章で示したように「撮影」「カメラ」「写真」というカメラの主機能と結びつく語として「レンズ」という語が表れていた時期においては，この時点の製品開発においては「レンズ」の性能は重視されるべきであり，消費者にも「レンズ」の性能を訴求していくことが重要になる．

　しかし，「レンズ」という語が，同一クラスター内に現れなくなれば，「レンズ」という語の重要性は，それ以外の語（例えば「PC」や「室内」，「モード」，「動画」）と比べて，相対的に下がっていると理解できる．そのため，製品コンセプトや消費者の訴求点として，それらの言葉を使用することが重要になる．

9.3.2 製品改善，改良すべき点と訴求すべき点の同定

　第7章で示した三角測量分析によって，ベンチマーク機種と優先概念を明らかにすることができる．ベンチマーク機種は，消費者による商品間の比較対象を示し，優先概念は比較基準を示す．ベンチマーク機種は普及プロセスの中で変化し，同様に優先概念も変化する．ベンチマーク機種は，このような消費者の志向をとらえた機種，あるいは志向を変化させた機種，言い換えれば，普及過程の中で，商品カテゴリーの進化の

方向を変化させた機種といえる．ベンチマーク機種と優先概念を明らかにすることは，商品戦略を考える上での準拠点となる意味で重要である．

　ベンチマーク機種がもつ特徴や性能は，消費者にとって，その商品カテゴリーが実現してほしい，あるいは，実現していなければならない特徴や性能だと考えることができる．ベンチマーク機種と優先概念は，消費者が商品を比較する際の基準点となっている．そのため，企業にとっては，自社が消費者の商品認知の基準を作り出せるのであれば，以降の商品開発・技術開発を効率的に進めることが可能になるため，ベンチマーク機種となるような商品開発と技術開発が重要になってくる．

　また，自社の商品がベンチマーク機種でなくとも，特定の市場におけるベンチマーク機種と優先概念が明らかであれば，ベンチマーク機種を模倣するという戦略が可能になる．とりわけ，ベンチマーク機種と自社製品の参照関係における優先概念は，消費者が認知する自社製品に求められる長所あるいは短所を示すものであることから，製品改善および開発において，あるいはプロモーションにおいて訴求すべき点となる

9.3.3　差別化の準拠点

　他方で，ベンチマーク機種が商品戦略を考える上での準拠点となることは，もう1つのインプリケーションを生み出す．すなわち，自社の商品がベンチマーク機種でなくとも，特定の市場におけるベンチマーク機種と優先概念が明らかであれば，ベンチマーク機種との適切な差別化が可能になる．模倣か差別化か，どちらの戦略をとるべきか，については，個々の企業の事情（全社戦略上の当該事業の位置づけや，事業規模，当該事業の強みなど）によって，さまざまな判断があり得る．だが，いずれの戦略にせよ，ベンチマーク機種を準拠点とすることで，他機種との的外れな差別化や模倣を避けることが可能になる．

9.3.4 商品の意味づけ

　第8章の事例分析においては，イノベーションの形成過程では，新しい商品カテゴリーから従来の商品カテゴリーに対してベンチマーク機種が存在しないという商品認知の非連続性と，従来の商品カテゴリー内の話題と新しい商品カテゴリ内に含まれる話題の連続性を明らかにした．この知見は，まだ一般化するにはケースが少なすぎるが，仮説的なインプリケーションが提示できる．それは，商品認知における非連続なイノベーションであっても，従来の商品カテゴリから話題を引き継ぐのであって，その意味で，消費者はイノベーションを求めているのではなく，従来の話題に関する何らかの問題解決を求めていると考えられる．したがって，企業にとっては，イノベーションであることを強調し「既存の商品とは違う」と主張することは，差別化するためには有用である一方，消費者の商品認知を促進するためには，「既存商品と同じ」ことをより良く（効率性や有効性など）できることを強調するという矛盾した説明を行う必要がある．

9.4　本書の限界と今後の課題

　最後に，本書の限界点と今後の課題を整理して，本書を終えたい．

　第一に，イノベーションの意味づけの変化は明らかにできたものの，同じ製品や機種についての局所的な実践ごとの意味づけの違いについては明確に実証していない点である．この点は，第3章でも言及したように既に先行研究がある．しかし，局所的な実践ごとの意味づけの違い，つまり消費者による再発明は，新たなイノベーションの種であり，これをテキストマイニングによって効率的に拾い出すことができれば，実務家にとっても有用であると考えられる．

　第二に，普及過程の参加者のうち，消費者のみの分析に終わっており，他の参加者（メーカー，小売店，出版社，リードユーザー）による意

第9章 本書の結論と含意

味づけや，それにともなう相互作用を分析できていない点である．第1章と第3章で言及したように，イノベーションの普及過程では多様な行為者がイノベーションの意味づけをめぐり相互作用を行っている．したがって，第7章で抽出された優先概念が，消費者の製品機種に関する主体的な行為によって生み出されたものなのか，それとも，メーカーなどの他の参加者の意図によって誘導された結果書き込まれたものなのかを明らかにすることが，普及過程をより深く理解するために必要となる．

第三に，特定のクチコミサイトのデータのみを用いた分析でとどまっている点である．本書の分析は，1つのクチコミサイトのクチコミデータのみに依存しているため，吉見(2013)が「Amazon.co.jp」と「楽天市場」における消費者による商品レビューで比較した結果から明らかにしたように，使用される単語に違いが見られる場合や，サイトの利用者属性の偏り，サイト構成上の特異性が存在すると考えられる点である．したがって，ベンチマーク機種や優先概念，話題の共通性は，他のクチコミサイトのデータで同様の分析を行うと，異なる結果が見られる可能性がある．

第四に，ベンチマーク機種や優先概念が，実際の商品戦略にどのような影響を与えているのかを明確にしていない点である．これは，各時点での各機種の売上データやプロモーションに関連する情報の収集に制約があったため，分析することができなかったが，売上や製品プロモーションとの何らかの関係を見ることができれば，ベンチマーク機種や優先概念を明らかにする意義が高まると考えられる．

第9章の参考文献

[1] 楠木建，阿久津聡(2006)「カテゴリー・イノベーション：脱コモディティ化の論理」，『組織科学』，Vol.39, No.3, pp.4-18.
[2] 澁谷覚(2013)『類似性の構造と判断』，有斐閣．
[3] 吉見憲二(2013)「プラットフォームの違いがクチコミに与える影響に関する研究」，『日本情報経営学会誌』，Vol.33, No.3, pp.109-120.

［4］ Christensen, C. M. (1997). *The Innovator's Dilemma : The revolutionary national bestseller that changed the way we do business*, Boston, MA : Harvard Business School Press.（邦訳）クレイトン・クリステンセン著，玉田俊平太 監修，伊豆原弓 訳(2001)『イノベーションのジレンマ』，翔泳社.

［5］ Rogers, E. (2003). *Diffusion of Innovations* (5th ed.), New York : The Free Press.（邦訳）エベレット・ロジャーズ著，三藤利雄訳(2007)『イノベーションの普及』，翔泳社.

［6］ Strang, D. and Meyer, J. (1993). "Institutional conditions for diffusion," *Theory and Society,* Vol.22, pp.487-511.

［7］ Tidd, J. (2011). "From Models to the Management of Diffusion" in Tidd, J. (ed.) *Gaining Momentum − Managing the Diffusion of Innovations*, Imperial College Press, pp.3-45.

あとがき

　近年のイノベーションに関する社会的関心が高まる時代背景の中で，著者の一人である竹岡は大学院に進学し，指導教官でもある太田雅晴大阪市立大学教授の勧めもあって，イノベーションという現象に興味をもち，それを研究課題の中心としてきた．本書は 2008 年に始めたこの一連の研究を 1 つの形としてまとめたものである．

　竹岡によるイノベーション研究は，その研究方法や対象を変えながらも，一貫して 1 つの考えのもとになされてきた．それが本書のタイトルにも含まれている「イノベーションの可視化」である．イノベーションの普及過程を可視化する方法が必要とされる理由としては，イノベーションの普及過程における現状認識の難しさ，つまり企業自体の立ち位置とその企業が開発する商品の市場における位置づけの把握の難しさがある．この問題を克服するためには，イノベーションの普及過程を目に見えない現象から，見えるものへ，理論的に裏付けられた方法で可視化する必要がある．我々の一連の研究は，このような問題意識のもとにはじめられ，これまで継続してきた．

　研究を始めた当初は，アクター・ネットワーク理論を用いてイノベーションの普及過程の分析を行ったのだが，これによる可視化とその結果は良く言えば職人芸，悪く言えば恣意的なものであり，可視化の方法を実務家に提示するという点では十分なものではなかった．その後，竹岡と井上の雑談の中で，インターネット上のクチコミを用いれば，消費者の観点からイノベーションの普及を明らかにできるのではないかということになり，その後，これも本書のタイトルに含まれている「テキストマイニング」を分析方法として用いることになった．

あとがき

　テキストマイニングを用いた分析方法は，その手順を明確に示すことができれば，分析パッケージとして誰もが使用可能なものとして提案することができる．これによって，これまでは経験に基づいて管理することしかできなかったイノベーションの普及過程を，管理可能なものにすることができると考える．本書が示した方法が，実務家の商品開発の実践の中で，その方向性や仕様の確定などの段階で重要な役割を果たす道具となれば幸いである．

　最後になりますが，本書および一連のイノベーション研究は，毎年春と夏に「日帰り合宿」という矛盾した名称のもとに竹岡の家で行われた研究会の中で進められたものです．これに際しては，いつも和ませてくれたぴーち，ちろる，かかお，そしてフルタイムの職があるにもかかわらず，当日には早朝から片づけを行い，我々を陰から支えてくれた妻聡子，この書籍の出版は彼女たちの支援なしには成しえなかったものです．著者一同，彼女たちの陰からの支援には大変感謝しております．

著者を代表して
竹岡志朗

索引

【A-Z】
Bassモデル　26, 31
Jaccard　92, 113, 141
KH Coder　79, 92, 105, 127

【あ行】
アクター・ネットワーク　14, 17, 40
後処理　79, 86
アフォーダンス　106
イシューマネジメント　66
イノベーション　2, 13, 40
イノベーター　28, 31
イノベーターのジレンマ　16, 38
意味作用　48
意味づけの次元　97
インターネット上のクチコミ　56, 62, 145
エスノメソドロジー　48
オピニオンリーダー　27, 31, 58, 64
オープンイノベーション　5

【か行】
概念が拡散するプロセス　97
概念が拡張するプロセス　97
科学技術社会論　14, 17
カテゴリーイノベーション　38, 149
記号学　48
記号表現　49

記号表現間の関係　51, 145
機種間の参照関係　110, 146
技術の社会的構成アプローチ　39
技術パラダイム　3, 16
キャズム　27, 31
急進的イノベーション　3, 16
共起ネットワーク　51, 82, 91
共通理解　49
クチコミ　55, 64
クラスター分析　82, 85, 102
クリティカルマス　28, 32
形態素解析　80, 81
顕在的内容分析　46, 50
行為を媒介する道具　106
購買意思決定　90, 119
考慮集合　90
コーディングルール　132

【さ行】
再発明　40, 43, 45
採用者の革新性　24, 30
三角測量分析　119, 120, 146, 150
持続的イノベーション　5, 16
社会的シグナル　25, 31
消費者の知覚　104
商品カテゴリー　18, 37, 90, 97, 143
潜在的内容分析　46, 47, 50

索　引

漸進的イノベーション　　4, 16

【た行】
チェンジエージェント　　27
知覚されたイノベーション属性　22, 30
直接要因研究　　22
テキスト収集　　79, 80
テキストマイニング　　78, 105, 145
ドミナントデザイン　　26, 31

【な行】
内容分析　　46
ネットワーク外部性　　28, 32

【は行】
媒介要因研究　　22, 26
破壊的イノベーション　　4, 16
バリューイノベーション　　38
バリューネットワーク　　4, 16
非連続イノベーション　　3
非連続性　　2, 11, 126, 136, 147, 149
頻度分析　　82
不可知論　　43
普及　　10, 11, 22, 36, 44, 69, 96, 97, 98, 104, 117, 118, 126, 136, 143, 148

プロセスイノベーション　　3, 16
プロダクトイノベーション　　3
文化的カテゴリー　　44, 144, 149
ベンチマーク機種　　117, 118, 151

【ま行】
マイニング　　79, 82
前処理　　80
マクロ　　42, 104
マーケットメイブン　　59, 64
マスコミュニケーション　　57, 64
マン・ホイットニーのU検定　　132
ミクロ　　104, 148
メディア　　57, 60, 70, 145

【や行】
優先概念　　117, 118, 151
ユーザーイノベーション　　5, 40, 98

【ら行】
リードユーザー　　5, 28, 31
理論化　　45, 126, 136, 144, 149
連続性　　126, 136, 147

【わ行】
話題　　130
話題分析　　137, 150

著者紹介

竹岡　志朗（序文，まえがき，第1章，第6章，第7章，第8章，あとがき）
1977年生まれ．大阪市立大学大学院経営学研究科後期博士課程修了（博士（経営学））
現在，大阪市立大学経営学研究科特任講師，桃山学院大学非常勤講師
専門領域は，イノベーション論，技能継承，食品の社会問題

井上　祐輔（第3章，第9章）
1979年生まれ．大阪市立大学大学院経営学研究科後期博士課程　単位取得満期退学（博士（経営学））
現在，函館大学商学部　専任講師
専門領域は，経営組織論，組織間関係論

髙木　修一（第2章，第5章）
1988年生まれ．大阪市立大学大学院経営学研究科前期博士課程修了（修士（経営学））
現在，大阪市立大学大学院経営学研究科後期博士課程
専門領域は，イノベーション論，品質管理論，製品開発論

高柳　直弥（第4章）
1984年生まれ．大阪市立大学大学院経営学研究科後期博士課程修了（博士（経営学））
現在，豊橋創造大学経営学部　専任講師
専門領域は，マーケティング・コミュニケーション，知財マネジメント，ミュージアム・マネジメント

イノベーションの普及過程の可視化
― テキストマイニングを用いたクチコミ分析 ―

2016年10月27日　第1刷発行

著者　竹　岡　志　朗
　　　井　上　祐　輔
　　　高　木　修　一
　　　高　柳　直　弥

発行人　田　中　　　健

検印省略

発行所　株式会社 日科技連出版社

〒151-0051　東京都渋谷区千駄ヶ谷5-15-5
　　　　　　DSビル
　　　　　　電話　出版　03-5379-1244
　　　　　　　　　営業　03-5379-1238

Printed in Japan

印刷・製本　㈱金精社

© Shiro Takeoka, Yusuke Inoue, Syuichi Takagi, Naoya Takayanagi 2016
ISBN 978-4-8171-9591-3
URL http://www.juse-p.co.jp/

本書の全部または一部を無断で複写複製（コピー）することは，著作権法上での例外を除き，禁じられています．